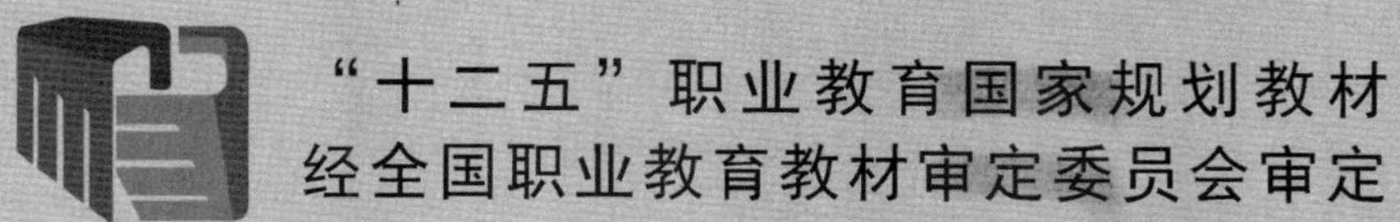

电·子·技·术·应·用·专·业

模拟电子技术

MONI DIANZI JISHU

主　编　吴建宁

编　者　单芝静 蒋友建 石玉梅
苗剑锋 于韶山

U0918388

江苏教育出版社 凤凰职教

编 委 会

顾　问：沈　健　陈海燕　杨湘宁　孙真福

策　划：尹伟民　刘克勇　杨志霞　徐　宁　王巧林

主　任：杨　新

副主任：张荣胜　王国海　曹华祝　徐　忠　吴　魏

委　员：王稼伟　谢心鹏　陈志平　孙伟宏　甘志雄
许振华　张　波　张希成　马　松　吕成鹰
周　俊　王志强　潘晓群　张兵营　杨晓华
姜　峻　徐志方　黄学勇　王亮伟　杨建良
金玉书　缪世春　黄少基　陈乃军　李太云
邓立新　赵建康　芮新海　刘　波　秦榛蓁
缪正宏　王生宁　巫伟钢　孙秀华　王巍平
虞静东　季　军　黄　晨　葛伯炎　戴建坤
金同实　王胜发　王　伟　张圣琪　臧其林
庞志勤　刘　勇　黄熙宗　钱文玉　王慕启
徐祥华　陈大斌　冷耀明

总序

这套系列教材无论在体例设计与逻辑架构上，还是在内容构成与呈现形式上，皆是务实与创造并重、规范与创新兼备，显示着编写者宽阔的视野和开阔的思路，予人耳目一新之感。在共建共享的合作机制下，编写人员克服“繁、难、散、旧”等传统教材编写过程中容易出现的通病，着力于“实”，尝试于“新”，指向于“活”。内容选择紧扣产业发展与企业用工需求，内容呈现方式也更加灵活。不仅给教师使用时提供了发挥与创造的空间，也让这套教材更具柔性，为教学活动提供了更为广阔自由的空间。同时，该系列教材还体现了专业与专业之间的叠加整合，甚至是异构融合。在系列化的整体架构下，相关专业之间可以顾盼呼应、相互支撑，从而在各自独立成书的基础上形成系列化、集成化、规模化的总体效应。

教材的设计编写要为提高教育教学质量服务。我们基于工作过程开发的以典型工作任务或案例为主体的项目化教材充分体现了“专业与产业对接、课程内容与职业标准对接、教学过程与生产对接”，教师要以开放的思维和姿态，充分利用教材中反映产业升级和技术进步的知识元素，调动学生内在的学习动力和发展潜力，引导学生在实践中学习，在学习中实践。此外，该系列教材中亦有许多与德育相关的教学资源。教师在教学中要引导学生树立正确的人生观、世界观、价值观，提高学生的道德水平和科学文化素养，让学校的课堂不仅是促进学生成才的平台，同样也是引领学生成人的园地。

我们相信，这套教材通过广大师生的创造性使用，一定会展现出自身的个性化魅力，有力促进示范校建设迈向更高的发展层次。同时，我们也真切地希望大家在使用中能及时反馈意见、提出建议，从而保证这套系列教材日臻完善。

编委会

前言

《模拟电子技术》上承《电工技术》，下接《数字电子技术》，以模拟电子技术的基本概念、基本知识和基本技能为教学内容，为电子专业的专业基础课程。

本课程应用现代职业教育的先进理念，打破原有学科体系的内容安排，用典型电路做载体，采用项目化编排教学内容，按照学生的认知规律，由简单到复杂、由单项到综合地安排了四个教学项目，把相关内容融入到这四个教学项目中。

各教学项目又分成几个教学任务。教学任务为基本教学单元，其中设置“知识准备”、“任务实施”等环节，教学采用理实一体化的教学形式，使得理论性教学与实践性教学紧密结合。教材兼顾知识的系统性，在每个教学任务实施完成后，增加“知识拓展”教学环节，以弥补项目教学知识的系统性不强的缺陷。

项目一由单芝静老师编写，项目二由蒋友建老师和石玉梅老师编写，项目三由苗剑锋老师编写，项目四由于韶山老师编写，全书由本教材主编吴建宁老师统稿。

本书在编写的过程中，参考了多位同行、专家的著作和文献，在此表示真诚的感谢。

由于编者水平有限，书中疏漏和错误之处在所难免，恳请使用本书的老师和同学们提出宝贵意见。

编　者

目 录

Contents

项目一 制作与调试简单直流稳压电源

项目介绍

这里所说的直流电源是指能够对市电进行处理，同时向其他用电设备提供一定直流电压的电路。直流稳压电源是一种当电网电压波动或负载变化时，能够保持输出直流电压基本不变的电源电路。直流稳压电路的结构如图 1－0－1 所示，一般分为变压、整流、滤波和稳压这四个部分。交流电压经过变压器变压后得到合适的次级电压，再经过整流电路整流，经滤波电路滤波后，送入稳压电路稳压，在输出端得到稳定的直流电压。

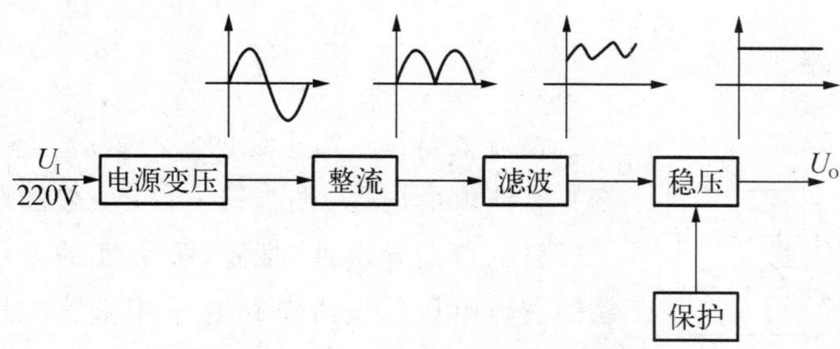

图 1－0－1　直流稳压电路的结构图

学习目标

- 理解整流、滤波、稳压电路的构造及工作原理。
- 掌握二极管的基础知识，熟记二极管桥式整流电路的原理图。
- 了解二极管桥式整流电路原件选择方法。
- 学会使用示波器桥式整流电路输出电压波形。
- 掌握桥式整流电路制作方法。
- 掌握电容滤波电路制作方法。
- 掌握具有放大环节的串联型稳压电路制作方法。
- 通过直流稳压电源电路的制作和测试，理解电路的工作原理。

任务一 制作与调试二极管整流电路

知识准备

一、相关概念

1. 交流电

大小和方向随时间作周期性变化的电压称为交流电。

2. 直流电

大小随时间变化、方向不随时间变化的电压称为直流电。

3. 整流

把交流电转变为脉动直流电的过程称为整流。利用二极管的单向导电性，可以实现整流。

二、整流电路

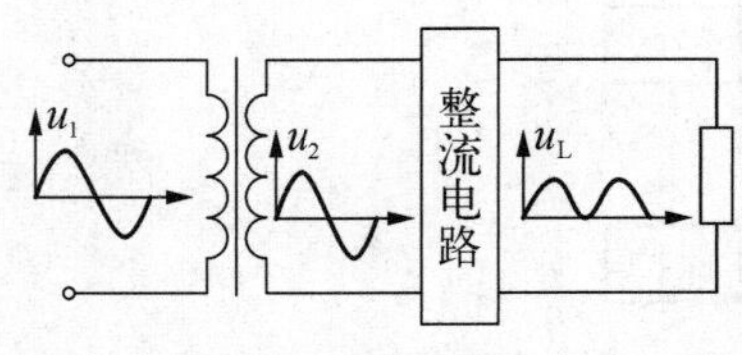

图 1－1－1 整流电路图

整流电路是直流电源的核心部分，是可以把交流电转变为直流电的电路（图1－1－1）。一般的整流电路是利用二极管的单向导电性，把正、负交变的电压变成单方向脉动的直流电压。整流电路有三相整流电路和单相整流电路。三相整流电路是可以把三相电转变为直流电的电路，同样，单相整流电路是可以把单相电转变为直流电的电路。

常用的整流电路有单相半波整流电路和单相桥式整流电路。

三、二极管

二极管是最简单的半导体器件，不管哪种整流电路，其核心器件都是二极管。在工厂里，用掺杂的办法把本征半导体的不同区域制成P型和N型半导体，在结合处会形成一个特殊的薄层即PN结，一个PN结即成为一只二极管。

1. 二极管的结构与电路符号

将一个PN结从P区和N区各引出一个电极，并用玻璃或塑料制造的外壳封装起来，就制成了一个二极管，如图1-1-2(a)所示。

由P区引出的电极为正(+)极，也称为阳极；由N区引出的电极为负(−)极，也称为阴极。

二极管的文字符号用“VD”表示，如图1-1-2(b)所示，符号中的三角形表示通过二极管正向电流的方向。

根据制造材料的不同，有硅二极管和锗二极管之分。

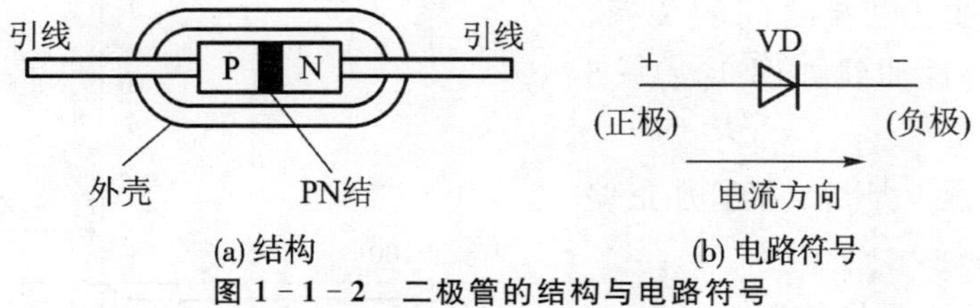

图1-1-2　二极管的结构与电路符号

常用二极管的实物图，如图1-1-3所示。

图1-1-3　二极管的实物照片图

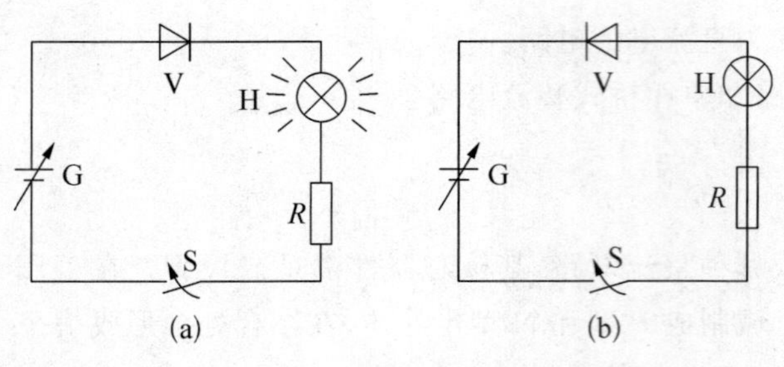

图 1-1-4　二极管单向导电性测试

2. 二极管基本特性

二极管具有单向导电性。所谓单向导电性就是电流只能从二极管的正极流向负极，不能从负极流向正极，我们来看下面的实验。

按图 1-1-4(a)连接电路，直流电源正极接二极管正极，电源负极接二极管的负极(称为“正向偏置”，简称“正偏”)，二极管导通，指示灯亮。

如果按图 1-1-4(b)连接电路，直流电源正极接二极管负极，电源负极接二极管的正极(称为“反向偏置”，简称“反偏”)，二极管不导通，指示灯不亮。

结论：电路中的元件 V 具有单向导电性，这个元件就是二极管。

3. 二极管的特性曲线

所谓“伏安特性”，是指加到元器件两端的电压与通过电流之间的关系。二极管的伏安特性曲线如图 1-1-5 所示。

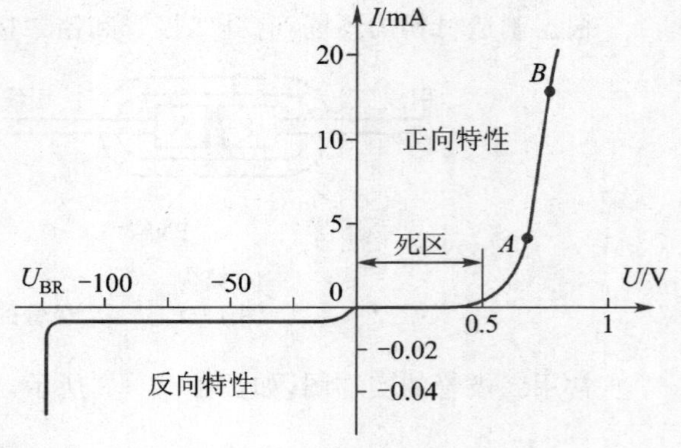

图 1-1-5　二极管的特性曲线

(1) 正向特性　是指二极管加正偏电压时的伏安特性。

当二极管两端所加的正偏电压 U 小于某一值的时候，正向电流 I 近似为 0，二极管处于截止状态。

当正偏电压 U 不低于某一值的时候，正向电流 I 迅速增加，二极管处于正向导通状态。且正偏电压 U 的微小增加都能使正向电流 I 急剧增大，如图 1-1-5 中 AB 段所示。

正偏电压从 0 V 至该值的范围通常称为“死区”，该电压值称为“死区电压”。硅二极管的死区电压约为 0.5 V，锗二极管约为 0.2 V。

当二极管正常导通后，所承受的正向电压称为管压降(硅二极管约 0.7 V，锗二极管约 0.3 V)。这个电压比较稳定，几乎不随流过的电流大小而变化。

(2) 反向特性　是指二极管加反偏电压时的伏安特性，为图 1-1-5 中的第Ⅲ象限曲线。

当二极管的两端加反向电压时，反向电流很小(称为反向饱和电流)，二极管处于截止状态，而且在反向电压不超过某一限度时，反向饱和电流几乎不变。

当反向电压增大到一定数值 U_{BR} 时，反向电流会突然增大，这种现象称为反向击穿，与之相对应的电压称为反向击穿电压(U_{BR})。

4. 二极管的种类

(1) 按制造工艺分类

① 点接触型：PN 结接触面积较小，工作电流小，常用于高频小信号电路。

② 面接触型：PN 结接触面积较大，工作电流大，常用于低频大信号电路。

③ 平面型：PN 结接触面积较大，工作电流大，常用于大功率的信号电路。

(2) 按制造材料分类　可分为硅二极管和锗二极管。硅二极管的热稳定性较好，锗二极管的热稳定性相对较差。

(3) 按用途分类　可分为整流二极管、稳压二极管、发光二极管、光电二极管和变容二极管等。

① 光电二极管：光电二极管的结构与普通二极管相似，但在它的 PN 结处，通过管壳上的玻璃窗口能接收外部的光照(图 1-1-6)。

这种器件在反向偏置状态下运行，反向电流随光照强度的增加而上升。

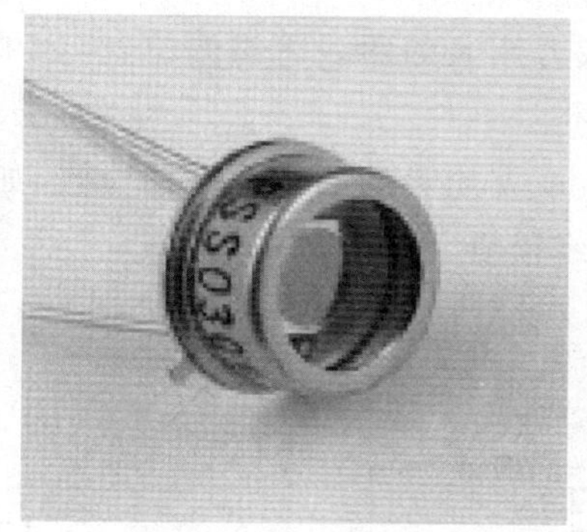

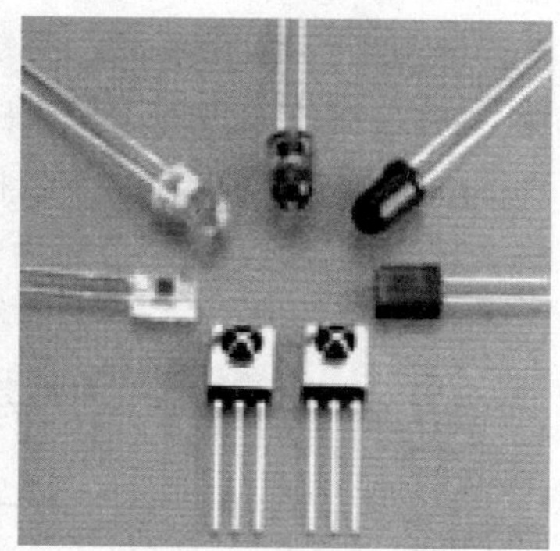

图 1-1-6　光电二极管

② 发光二极管：发光二极管通常由砷化镓、磷化镓等材料制成。当有电流通过时，管子可以发出光来。发光二极管常用来作为显示器件，除单个使用外，也常做成七段数码显示器(图 1-1-7)。

③ 变容二极管：变容二极管是利用 PN 结的电容效应工作的一种特殊二极管，它工作

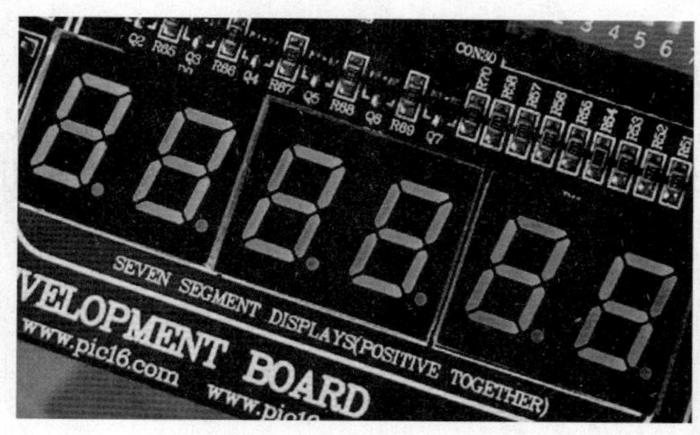

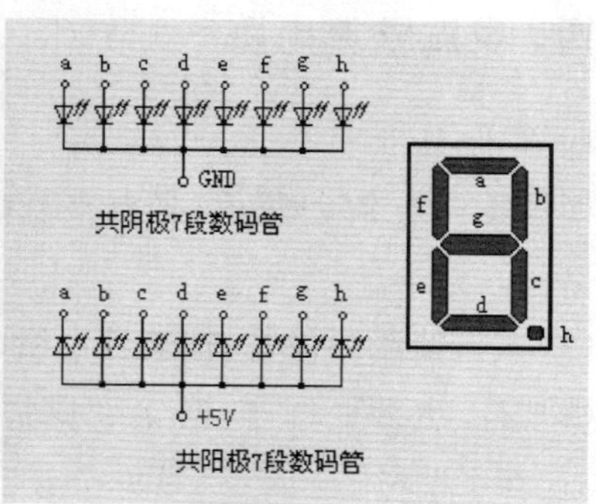

图 1-1-7　发光二极管

在反向偏置状态，改变反偏直流电压，就可以改变其电容量。

变容二极管应用于谐振电路中，例如在电视机电路中把变容二极管作为调谐回路的可变电容器，实现频道的选择。

5. 用万用表检测二极管

在实际应用中，常用万用表电阻挡对二极管进行极性判别及性能检测。

测量时，选择万用表的电阻挡 $R\times100$（也可以选择 $R\times1$ k 挡），将万用表的红、黑表笔分别接二极管的两端。

(1) 测得电阻值较小时，黑表笔接二极管的一端为正极（+），红表笔接的另一端为负极（−），如图 1-1-8(a)所示，此时测得的阻值称为正向电阻。

(2) 测得电阻值较大时，黑表笔接二极管的一端为负极（−），红表笔接的另一端为正极（+），如图 1-1-8(b)所示，此时测得的阻值称为反向电阻。

正常的二极管测得的正、反向电阻应相差很大。如正向电阻一般为几百欧至几千欧，而反向电阻一般为几十千欧至几百千欧。

(3) 测得电阻值为 0 Ω 时，将二极管的两端或万用表的两表笔对调位置，如果测得的电阻值仍为 0 Ω，表明该二极管内部短路，已经损坏。

(4) 测得电阻值为无穷大时，将二极管的两端或万用表的两表笔对调位置，如果测得的电阻值仍为无穷大，表明该二极管内部开路，已经损坏。

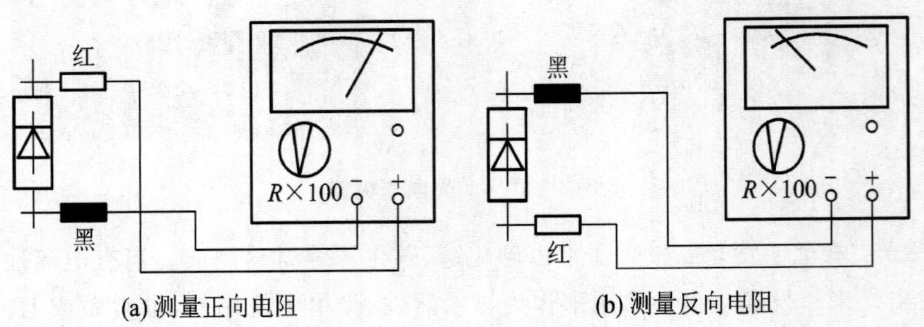

(a) 测量正向电阻　　(b) 测量反向电阻

图 1-1-8　用万用表检测二极管

四、半波整流电路

1. 电路

如图 1-1-9(a)所示，半波整流电路由电源变压器 T、整流二极管 V 和负载电阻 R_L 组成。

(1) V　整流二极管，把交流电变成脉动直流电。

(2) T　电源变压器，把 u_1 变成整流电路所需的电压 u_2。

2. 工作原理

设 u_2 为正弦波，波形如图 1-1-9(b)所示。

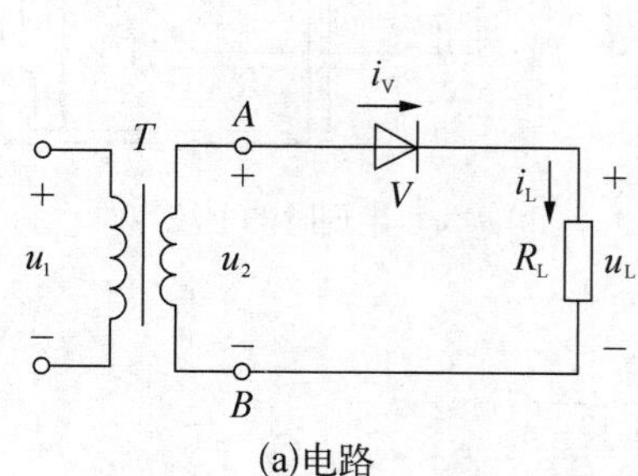

(a)电路

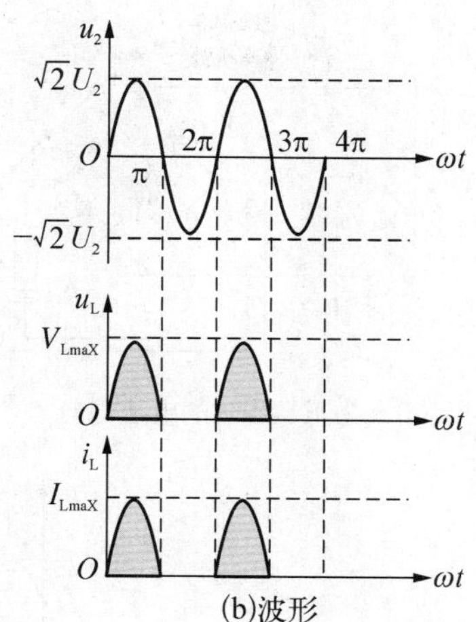

(b)波形

图 1-1-9　二极管半波整流

(1) u_2正半周时，A 点电位高于 B 点电位，二极管 V 正偏导通，则 $u_L \approx u_2$。

(2) u_2负半周时，A 点电位低于 B 点电位，二极管 V 反偏截止，则 $u_L \approx 0$。

由波形可见，v_2一周期内，负载只有单方向的半个波形，这种大小波动、方向不变的电压或电流称为脉动直流电。上述过程说明，利用二极管单向导电性可把交流电 v_2 变成脉动直流电 v_L。由于电路仅利用 v_2的半个波形，故称为半波整流电路。

3. 负载和整流二极管上的电压和电流

(1) 通过数学分析可得，负载上的电压是指一个周期内脉动电压的平均值：

$$U_L = 0.45U_2$$

(2) 流过负载 R_L上的直流电流：

$$I_L = \frac{U_L}{R_L} = \frac{0.45U_2}{R_L}$$

(3) 流过整流二极管的平均电流 I_V 与流过负载的电流相等：

$$I_V = I_L = \frac{0.45U_2}{R_L}$$

(4) 当二极管截止时，它承受的反向峰值电压 U_{RM}是变压器次级电压的最大值：

$$U_{RM} = \sqrt{2}U_2 \approx 1.41U_2$$

五、桥式整流电路

1. 电路

桥式整流电路如图 1-1-10(a)所示。$V_1 - V_4$ 为整流二极管，电路为桥式结构。

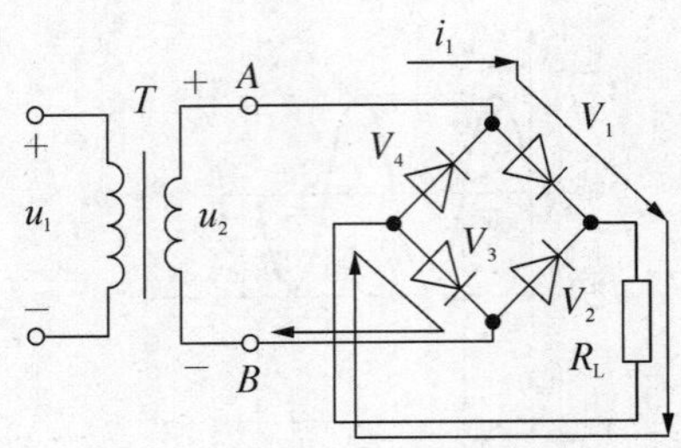

(a) u_2为正半周时的电流方向

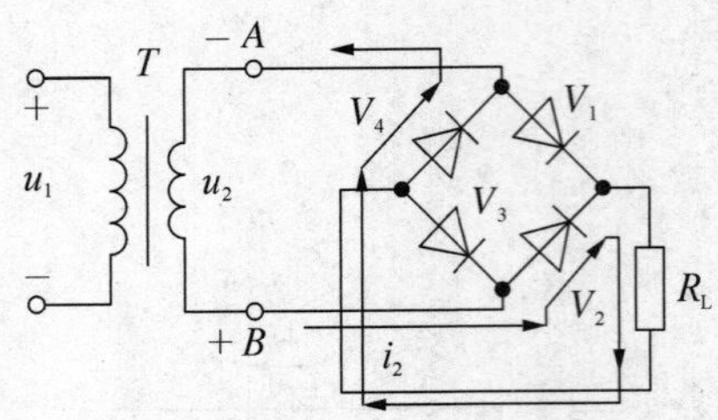

(b) u_2为负半周时的电流方向

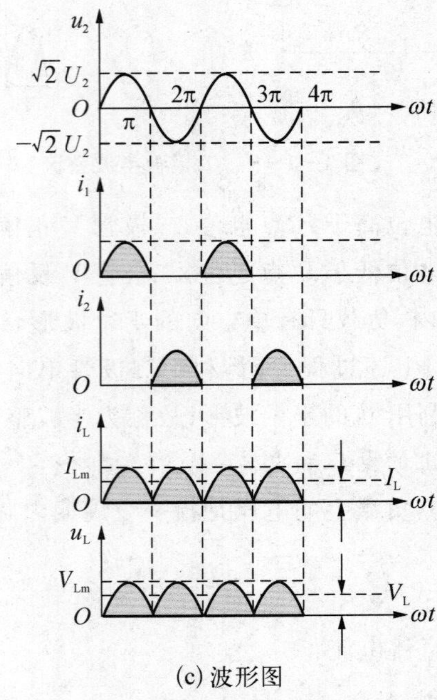

(c) 波形图

图 1-1-10　桥式整流电路

2. 工作原理

(1) u_2正半周时，如图 1-1-10(a)所示，A 点电位高于 B 点电位，则 V_1、V_3 导通(V_2、V_4 截止)，i_1 自上而下流过负载 R_L。

(2) u_2负半周时，如图 1-1-10(b)所示，A 点电位低于 B 点电位，则 V_2、V_4 导通(V_1、V_3 截止)，i_2 自上而下流过负载 R_L。

由波形图 1-1-10(c)可见，u_2一周期内，两组整流二极管轮流导通产生的单方向电流 i_1和 i_2叠加形成了 i_L。于是负载得到全波脉动直流电压 u_L。

3. 负载和整流二极管上的电压和电流

桥式整流负载电压和电流是半波整流的两倍。

(1) 负载电压为：

$$U_L = 0.9U_2$$

(2) 负载电流为：

$$I_L = \frac{U_L}{R_L} = \frac{0.9U_2}{R_L}$$

(3) 流过每个二极管的电流都等于负载电流的一半，即：

$$I_V = \frac{1}{2}I_L$$

(4) 二极管承受反向峰值电压为：

$$U_{RM} = \sqrt{2}U_2$$

单相桥式整流电路输出电压高，纹波小，对变压器和二极管的要求较低，因此应用广泛。桥式整流电路简化画法如图 1-1-11 所示。

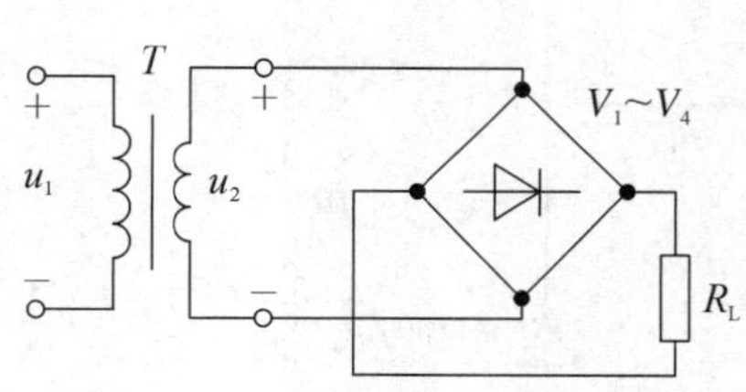

图 1-1-11　桥式整流电路简化画法

图 1-1-12　整流桥实物图

4. 整流桥堆

整流元件组合件称为整流堆，常见的有半桥 2CQ 型，如图 1-1-12 所示，国产硅桥堆电流为 1～10 mA，耐压为 25～1 000 V。

任务实施

一、任务布置

制作二极管桥式整流电路。依据所给的电路原理图及元件表，选择器件，在通用 PCB 板上进行合理布局，并焊接制作电路，用示波器测试电路的输出波形，体验二极管整流电路的作用。

二、任务目标

(1) 增强专业意识，培养良好的职业道德和职业习惯。

(2) 理解整流电路的工作原理。

(3) 掌握桥式整流电路制作方法。
(4) 熟记二极管桥式整流电路的原理图。
(5) 了解二极管桥式整流电路原件选择方法。
(6) 学会使用示波器桥式整流电路输出电压波形。

三、制作电路

(1) 按图 1-1-13 所示原理图在万能板上将电路制作完成。

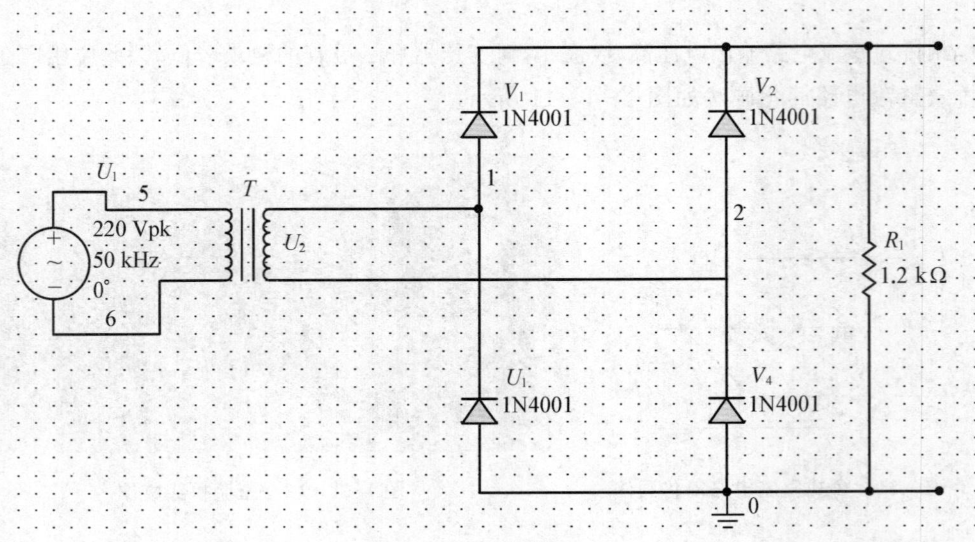

图 1-1-13 原理图

(2) 元件清单(表 1-1-1)

表 1-1-1 元件清单列表

名　称	规　格	数　量	名　称	规　格	数　量
变压器	12 V	1	导　线	Φ3 mm	20 cm
二极管	1N4001	4			
电　阻	1.2 kΩ	1			
万能板	有连线	1			

四、实训步骤

(1) 识别与检测元器件(表 1-1-2)。若有元器件损坏,请说明情况。

表1-1-2　元件测试表

<table>
<tr><td colspan="2" rowspan="2">项　目
类　型</td><td colspan="2">档位______</td><td colspan="2">质量判别</td></tr>
<tr><td>正向</td><td>反向</td><td>好</td><td>坏</td></tr>
<tr><td>二极管的测量</td><td>1N4007</td><td></td><td></td><td></td><td></td></tr>
<tr><td>电阻的测量</td><td colspan="5">1.2 k　色环为______________</td></tr>
</table>

(2) 依据所给原理图设计电路安装接线图：

① 电路布局合理。

② 走线美观。

③ 连线要横平竖直。

④ 尽量少用短接线。

⑤ 电路不要有交叉线。

(3) 焊接并测试

① 焊接：根据安装接线图进行焊接组装电路。

注意：按照先低小元件、后高大元件的顺序依次插元件并焊接。

② 测试：

第一步：通电前检查。首先检查电路各部分接线是否正确，有无漏焊、虚焊，检查电源、地线、信号线、元器件引脚间有无开路、短路等现象，器件有无接错。

第二步：具体测试内容：

a. 接入电路所要求的电源电压，观察电路中各部分器件有无异常现象，如出现异常，应立即断电，待排除故障后再重新接电。

b. 将变压器次级的 12 V/50 Hz 交流电电压加到电路输入端。用示波器同时观察输入和输出电压的波形，并记录此时的输入和输出电压(R_L两端)的波形。输入电压波形和输出电压波形之间不同之处在于输入是________(双向正弦交流/单向全波)的波形，输出是________(双向正弦交流/单向全波)的波形。并用万用表检测电阻 R_L 两端的电压并记录 U_L =________ V。

c. 保持检测步骤 a，将二极管 V_2 断开。再用示波器同时观察输入和输出电压(R_L两端)的波形，并记录输出电压波形，并和检测步骤 b 中测试的输出电压波形比较，判断两者________(相同/不相同)，原因是电路由________(桥式/半波)整流电路变为________(桥式/半波)整流电路。并用万用表检测电阻 R_L 两端的电压并记录 U_L =________ V。

d. 在保持检测步骤 a 基础上，将所有二极管同时反接。用示波器同时观察输入和输出电压(R_L两端)的波形，并记录输出电压波形，并和检测步骤 b 中测试的输出电压波形比较，它们________(一样/不一样)，原因是电压极性________(发生/不发生)变化。并用万

用表检测电阻 R_L 两端的电压并记录 $U_L=$ ________ V。

结论：二极管桥式整流电路是利用了二极管________的特性，从而实现了整流。经整流后的输出波形与________（半波/全波）整流电路的输出波形大致相同。

（4）制作与调试考核（表 1-1-3）

表 1-1-3　电路制作与调试评分表

评价项目	评　价　内　容	配分	评　分　标　准	得分
实训态度	1. 实训的积极性； 2. 安全操作规程的遵守情况； 3. 纪律遵守情况	20 分	积极参加实训，遵守安全操作规程和劳动纪律，有良好的职业道德和敬业精神。违反安全操作规程扣 20 分，其余不达要求酌情扣分	
元器件的识别与检测	1. 元器件识别； 2. 元器件检测	10 分	不能识别元器件，每个扣 1 分；不会检测元器件，每个扣 1 分	
元器件成型及插装	1. 元器件按工艺要求成型； 2. 元器件插装符合工艺要求； 3. 元器件排列整齐	20 分	元器件成型不符合工艺要求每处扣 1 分；插装错误每处扣 3 分；排列不整齐、混乱，每处扣 1 分	
焊接	1. 焊点表面光滑、大小均匀、无虚焊、漏焊、搭焊等现象； 2. 焊盘无断裂、翘起、脱落等现象； 3. 符合安全文明生产要求	20 分	不符合评价内容 1，每处扣 1 分；不符合评价内容 2，每处扣 3 分；不符合评价内容 3，扣3～15 分	
测量	1. 能正确使用仪器仪表； 2. 能正确读数	10 分	测量方法不正确，扣 2～5 分；不能正确读数，扣 2～5 分	
调试	能正确按操作要求对电路调整	20 分	不能按操作要求进行调试，扣 5～20 分	

知识拓展

整流电路设计

选管应遵循以下条件：

（1）二极管允许的最大反向电压应大于承受的反向峰值电压；

(2) 二极管允许的最大整流电流应大于流过二极管的实际工作电流。

【例 1-1-1】 某桥式整流电路，负载 $R_L=36\ \Omega$，通过负载的电流 $I_L=3$ A，试求变压器的次级电压有效值并选择整流二极管。

解： 变压器的次级电压有效值为：

$$U_L = I_L \times R_L = 3 \times 36 = 108\ \text{V}$$

$$U_2 = \frac{U_L}{0.9} = \frac{108}{0.9} = 120\ \text{V}$$

二极管的最高反向电压为：

$$U_{RM} = \sqrt{2}U_2 = \sqrt{2} \times 120 \approx 170\ \text{V}$$

二极管的最大整流电流为：

$$I_V = \frac{1}{2}I_L = \frac{1}{2} \times 3 = 1.5\ \text{A}$$

根据这两个数据，查晶体管手册，可选 2CZ56D 型硅整流二极管四只，满足电路的要求。

【例 1-1-2】 有一直流负载，需要直流电压 $U_L=60$ V，直流电流 $I_L=4$ A。若采用桥式整流电路，求电源变压器次级电压 U_2，并选择整流二极管。

解： $\because U_L = 0.9U_2 \quad \therefore U_2 = \dfrac{U_L}{0.9} = \dfrac{60\ \text{V}}{0.9} \approx 66.7\ \text{V}$

流过二极管的平均电流：

$$I_V = \frac{1}{2}I_L = \frac{1}{2} \times 4\ \text{A} = 2\ \text{A}$$

二极管承受的反向峰值电压：

$$U_{RM} = \sqrt{2}U_2 = 1.41 \times 66.7 \approx 94\ \text{V}$$

查晶体管手册，可选用整流电流为 3 A，额定反向工作电压为 100 V 的整流二极管 2CZ12A(3 A/100 V)四只。

目标检测

一、选择题

1. 二极管具有 (　　)

A. 信号放大作用　　B. 单向导电性

C. 双向导电性　　D. 负阻特性

2. 整流的目的是 （　　）

A. 将交流变为直流　　B. 将高频变为低频

C. 将正弦波变为方波

3. 在桥式整流电路中，输入电压和输出电压的关系为 （　　）

A. 0.45　　B. 0.9

C. 1　　D. 1.414

4. 二极管两端加正向电压时 （　　）

A. 立即导通　　B. 超过死区电压就导通

C. 超过 0.2 V 就导通　　D. 超过击穿电压就导通

二、填空题

1. 二极管的主要特性是具有________，PN 结正向连接是指在 PN 结 P 端接________电压，N 端接________压。

2. 整流二极管主要考虑的参数有________和________。

三、计算题

1. 如图 1-1-14 所示的半波整流电路中，已知 $R_L=100\ \Omega$，$u_2=20\sin\omega t$(V)，试求输出电压的平均值 U_O、流过二极管的平均电流 I_D 及二极管承受的反向峰值电压 U_{RM} 的大小。

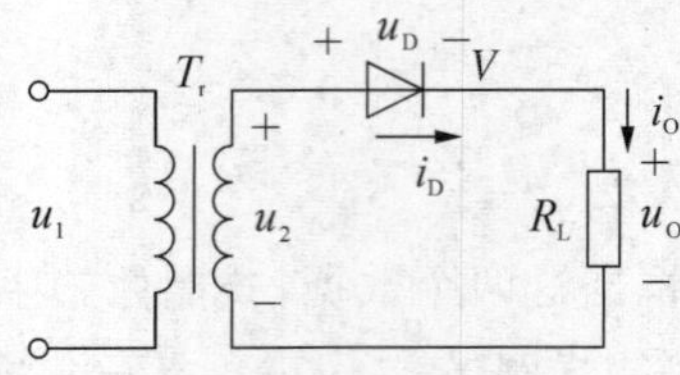

图 1-1-14　半波整波电路

2. 在桥式整流电路中（图 1-1-15），若要求输出电压为 18 V，负载电流为 2 A，试求：

(1) 电源变压器次级电压 U_2。

(2) 整流二极管承受的最大反向电压 U_{RM}。

(3) 流过二极管的平均电流 I_V。

(4) 若 V_1 管内部短路，整流电路会出现什么现象？

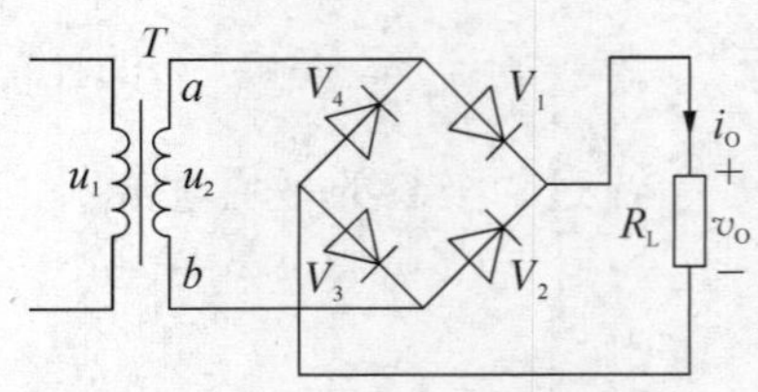

图 1-1-15　桥式整流电路

任务二　制作与调试电容滤波电路

知识准备

一、滤波的概念

经整流后的输出电压，除了含有直流分量外，还含有较高的谐波分量，这些谐波分量称为纹波，在一些电压要求不高的场所（如直流电动机、电磁铁等）可以使用。但对有些电压要求较高的电子设备（如电视机、音响设备等）来说，用这样的电压供电，将会对电子设备的工作产生严重的干扰(音响设备出现交流噪声,电视机图像产生扭曲等等)。为了满足电子设备正常工作的需要,必须采取滤波措施。

所谓滤波,就是把脉动直流电压中的脉动成分或纹波成分进一步滤除,以得到较为平滑的直流输出电压。

二、滤波电路

滤波电路的作用是滤除整流电压中的纹波。常用的滤波电路有电容滤波、电感滤波、复式滤波及有源滤波。这里仅讨论电容滤波和电感滤波。

(一) 电容滤波器

1. 单向半波整流电容滤波电路

(1) 电路的组成　如图 1-2-1 所示。电容滤波电路中,电容 C 与负载 R_L 并联,利用电容两端的电压不能突变的特性来实现滤波。

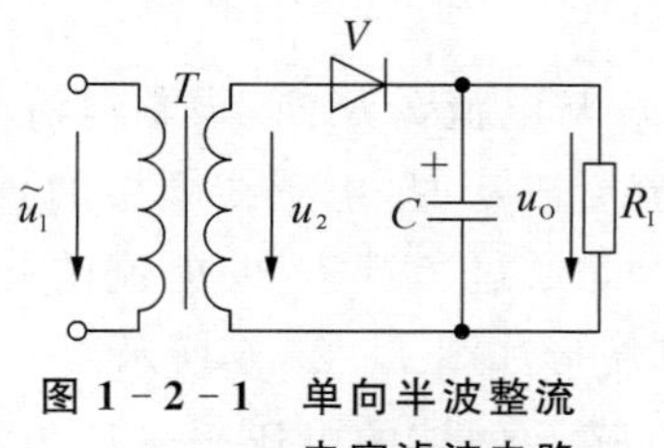

图 1-2-1　单向半波整流电容滤波电路

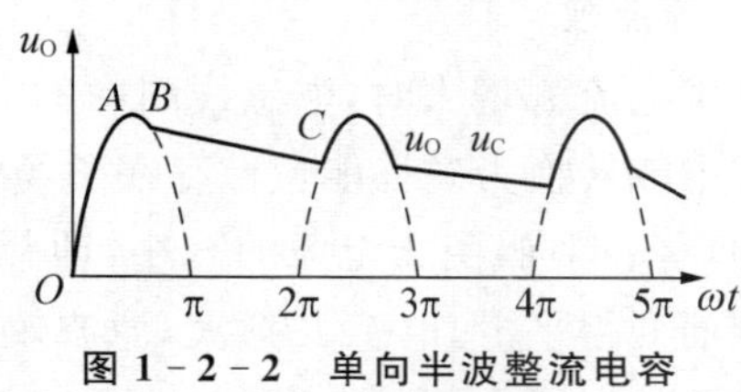

图 1-2-2　单向半波整流电容滤波电路波形

(2) 基本工作原理　当 u_2 为正半周时,二极管导通,一方面供电给负载,同时对电容器 C 充电。充电电压 u 与上升的正弦电压 u 一致,如图 1-2-2 所示。u 和 u_c 达到了最大值,而后 u 和 u_c 都开始下降,u 按正弦规律下降,而 u_c 按放电曲线 BC 下降。在 u 的下一个正半周内,当 $u>u_c$ 时二极管再行导通,电容器再被充电,重复上述过程。输出电压波形如图 1-2-2 所示。

2. 单相全波桥式整流电容滤波电路

(1) 电路的组成　如图 1-2-3 所示。

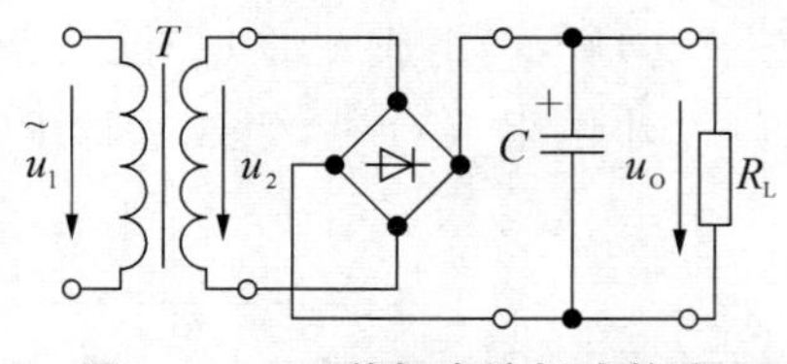

图 1-2-3　单相全波桥式整流电容滤波电路

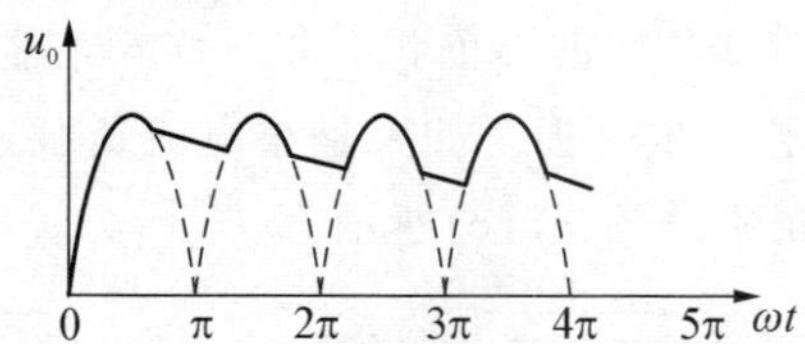

图 1-2-4　单相全波桥式整流电容滤波电路波形

(2) 工作原理　与半波电路相同。不同点是:V_2 正、负半周内,V_1、V_2 轮流导通,对电容 C 充电两次,缩短了电容 C 向负载的放电时间,从而使输出电压更加平滑。输出电压波形图如图 1-2-4 所示。

电容滤波电路简单,输出电压较高,脉动也较小;但是外特性较差,且有电流冲击。因此，电容滤波器一般用于要求输出电压较高、负载电流较小并且变化也较小的场合。

（二）电感滤波

1. 电感滤波电路的组成

单相全波桥式整流电感滤波电路如图 1-2-5 所示。电感滤波电路中，电感 L 与负载 R_L 为串联连接，利用电感中的电流不能突变的特性来实现滤波。

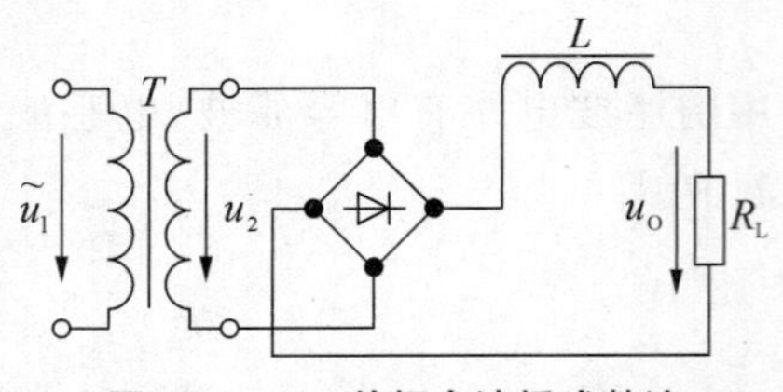

图 1-2-5 单相全波桥式整流电感滤波电路

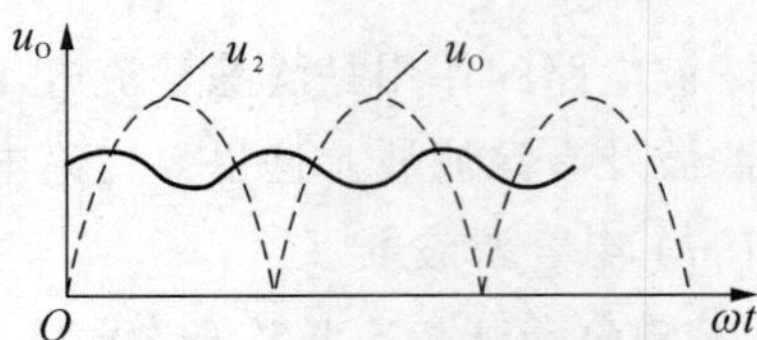

图 1-2-6 单相全波桥式整流电感滤波电路波形

2. 工作原理

当负载电流 i_L 增大时，电感线圈中的自感电动势 e_L 与电流 i_L 反向，限制电流的增加，将一部分电能转换为磁场能量储存在磁场中；负载电流 i_L 减小时，电感线圈中的自感电动势 e_L 与电流 i_L 同向，阻止电流的减小，即释放能量。因此通过负载 R_L 的电流的脉动成分受到抑制而变得平滑，电感 L 愈大，滤波效果愈好。其波形如图 1-2-6 所示。

若线圈的电感 L 足够大，且忽略电感的电阻，即电感 L 两端的电压平均值为零，则电感滤波后的输出电压平均值约为：

半波整流：$U_O = 0.45U_2$

桥式整流：$U_O = 0.9U_2$

电感滤波主要适用于大电流负载或负载经常变化的场合。

（三）复式滤波

1. LC 滤波

在电容 C 滤波之前串接一个电感 L，如图 1-2-7(a)所示，即组成 LC 滤波器。

2. π 形滤波

在 LC 滤波器前再并联一个电容器，如图 1-2-7(b)所示，组成 π 形 LC 滤波器，滤波效果进一步改善。如果是小电流负载，可将电感用一个小电阻 R 代替，组成 π 形 RC 滤波器，如图 1-2-7(c)所示。

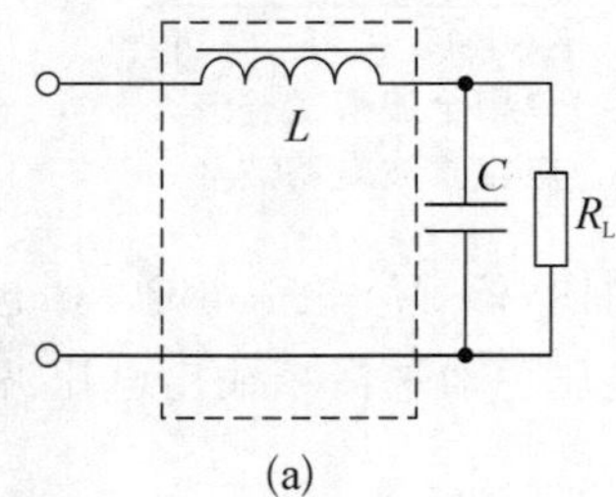

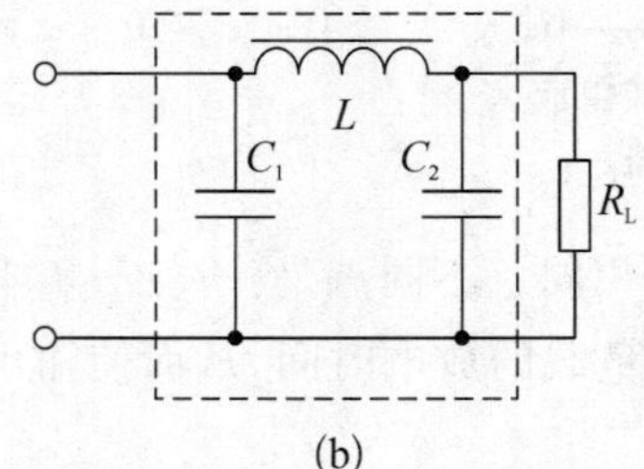

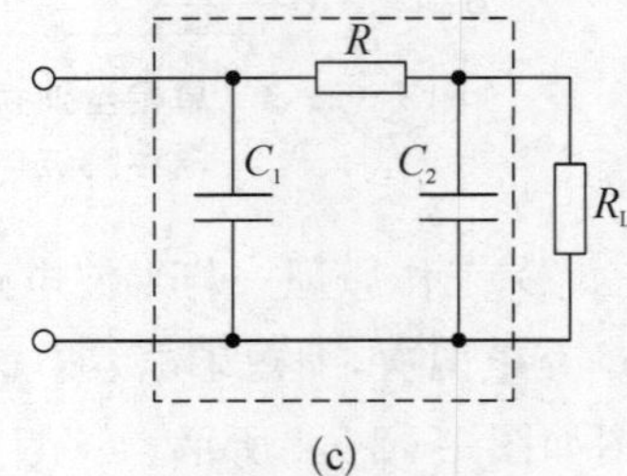

图 1-2-7 常用的几种复式滤波器

任务实施

一、任务布置

制作二极管桥式整流滤波电路。依据所给的电路原理图及元件表，选择器件，在通用PCB板上进行合理布局，并焊接制作电路，用示波器测试电路的输出波形，体验二极管整流电路的作用。

二、制作电路

(1) 按下列原理图(图1-2-8)在万能板上将电路制作完成。

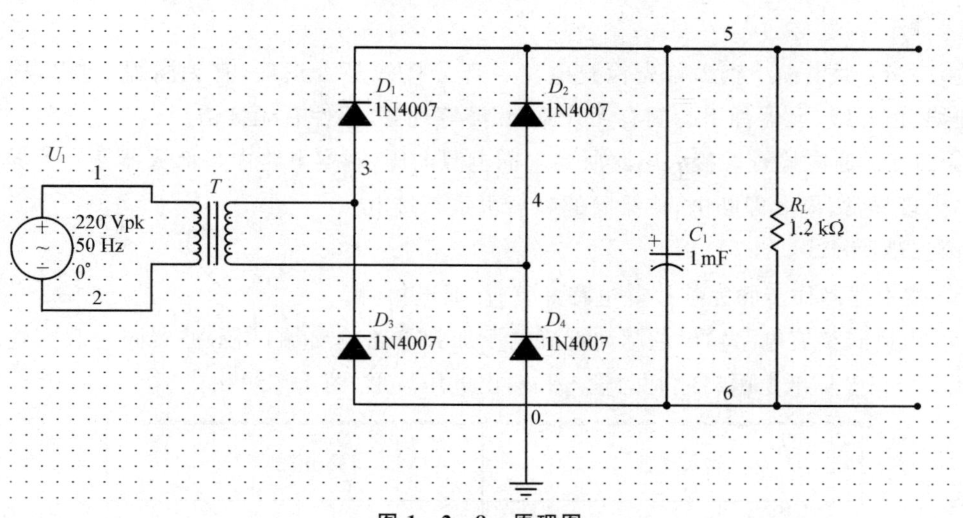

图1-2-8　原理图

(2) 元件清单(表1-2-1)。

表1-2-1　元件清单列表

名　称	规　格	数　量	名　称	规　格	数　量
变压器	实验台12 V	1	导　线	Φ3 mm	20 cm
二极管	1N4007	4	万能板	有连线	1
负　载	1.2 kΩ	1			
电　容	1 000 μF/25 V	1			

三、电路测试

(1) 识别与检测元器件(表1-2-2)。若有元器件损坏，请说明情况。

表 1-2-2 元件测试表

类型 \ 项目		挡位____		质量判别	
		正向	反向	好	坏
二极管的测量	1N4007				
电容的测量					
电阻的测量	1.2 k 色环为____				

(2) 依据所给原理图设计电路安装接线图。

(3) 焊接并测试

① 焊接：根据各自所设计的安装接线图进行焊接组装电路。

注意：按照先低小元件、后高大元件的顺序依次插元件并焊接。

② 测试：

第一步：通电前检查。首先检查电路各部分接线是否正确，有无漏焊、虚焊，检查电源、地线、信号线、元器件引脚间有无开路、短路等现象，器件有无接错。

第二步：通电检查。接入电路所要求的电源电压，观察电路中各部分器件有无异常现象，如出现异常，应立即断电，待排除故障后再重新接电。

第三步：测试：

a. 按上述制作步骤完整接好电路并复查，通电检测。

b. 由桥式整流电路输出的脉动直流电压加到电路输出端，用示波器同时观察输入和输出波形，在坐标纸上画出此时的输入和输出电压波形(图 1-2-9)。

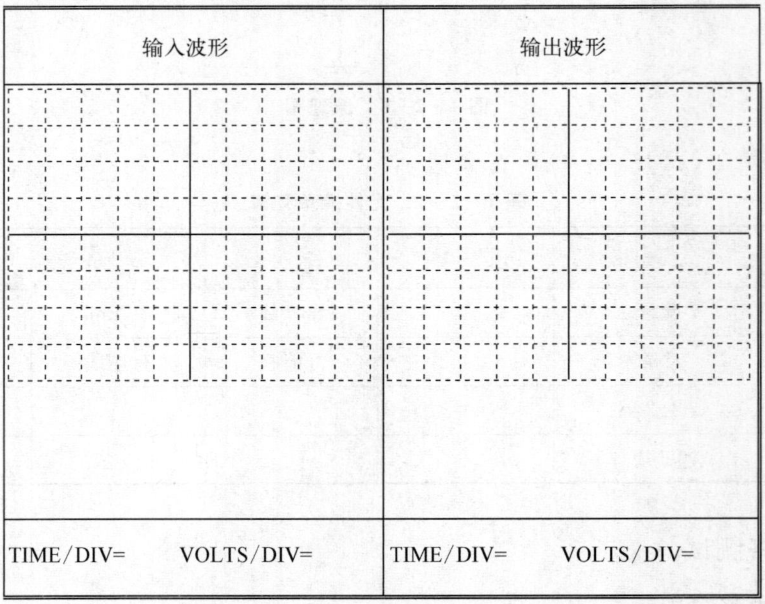

输入波形	输出波形
TIME/DIV=　　VOLTS/DIV=	TIME/DIV=　　VOLTS/DIV=

图 1-2-9 测试输入、输出波形图

c. 用万用表检测负载 R_L 两端的电压并记录：$U_L=$________ V。

综合分析：

在负载两端并联上电容后，输出电压的波形比不加电容直接整流后的输出电压的波形更加________（平滑/不平滑）。

(4) 制作与调试考核评分表(同任务一)。

知识拓展

元件选择

1. 电容选择

滤波电容 C 的大小取决于放电回路的时间常数，R_LC 愈大，输出电压脉动就愈小，通常取 R_LC 为脉动电压中最低次谐波周期的 3～5 倍，即：

$$C \geqslant (3\sim5)\frac{T}{2R_L}\quad（全波）$$

$$C \geqslant (3\sim5)\frac{T}{R_L}\quad（半波）$$

式中：T 是电源交流电压的周期。

电容器的耐压：$U_C \geqslant \sqrt{2}U_2$。

2. 整流二极管的选择

正向平均电流为：

$$I_V > I_O\quad（半波）$$

$$I_V > \frac{1}{2}I_O\quad（桥式）$$

二极管截止时所承受的最高反向电压如表 1-2-3 所列：

表 1-2-3　最高反向电压

电　　路	无电容滤波	有电容滤波
单相半波整流	$\sqrt{2}U_2$	$2\sqrt{2}U_2$
单相桥式整流	$\sqrt{2}U_2$	$\sqrt{2}U_2$

【例 1-2-1】 需要一单相桥式电容滤波电路，电路如图 1-2-10 所示。交流电源频率 $f=50$ Hz，负载电阻 $R_L=120\ \Omega$，要求直流电压 $U_o=30$ V：试选择整流元件及滤波电容。

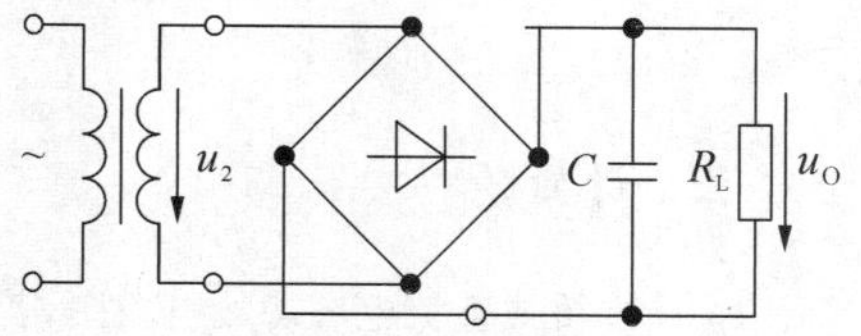

图 1-2-10　单相桥式电容滤波电路

解：(1) 选择整流二极管：

① 流过二极管的平均电流：

$$I_D = \frac{1}{2}I_o = \frac{1}{2}\frac{U_o}{R_L} = \frac{1}{2}\times\frac{30}{120} = 125\text{ mA}$$

由 $U_O=1.2U_2$，所以交流电压有效值：

$$U_2 = \frac{U_o}{1.2} = \frac{30}{1.2} = 25\text{ V}$$

② 二极管承受的最高反向工作电压：

$$U_{RM} = \sqrt{2}U_2 = \sqrt{2}\times 25 = 35\text{ V}$$

可以选用 2CZ11A（$I_{RM}=1\,000$ mA，$U_{RM}=100$ V）整流二极管 4 个。

（2）选择滤波电容 C：

取 $R_LC=5\times\frac{T}{2}$，而 $T=\frac{1}{f}=\frac{1}{50}=0.02\text{ s}$，所以 $C=\frac{1}{R_L}\times 5\times\frac{T}{2}=\frac{1}{120}\times 5\times\frac{0.02}{2}=417\ \mu\text{F}$；耐压值 $U_C=1.1\sqrt{2}U_2=1.1\times\sqrt{2}\times 25=38.85\text{ V}$，可以选用 $C=500\ \mu\text{F}$，耐压值为 50 V 的电解电容器。

目标检测

一、选择题

1. 已知变压器二次电压为 20 V，则桥式整流电容滤波电路接上负载时的输出电压平均值为（　　）

A. 28.28 V　　B. 20 V　　C. 24 V　　D. 18 V

2. 在电容滤波电路中，输出电压平均值 U_o 与时间常数 R_LC 的关系是（　　）

A. R_LC 越大，U_o 越大　　B. R_LC 越大，U_o 越小　　C. 无直接关系

二、填空题

1. 滤波器的作用是将整流电路输出的________中的________成分滤去，获得比较________的直流电，通常接在________电路的后面。它一般分为________、________和________三类，其中________的滤波效果较好。

三、计算题

1. 画出桥式整流电容滤波电路图，若要求 $U_L=20$ V，$I_L=100$ mA。（1）试求电路元件的有关参数；（2）变压器二次电压的有效值 U_2；（3）整流二极管参数 U_F 和 U_{RM}；（4）滤波电容量和耐压值。

任务三　制作与调试单相直流稳压电源

知识准备

一、稳压

交流电经过整流、滤波后转换为平滑的直流电，但由于电网电压或负载的变动，使输出的平滑直流电也随之变动，因此仍然不够稳定。为适用于精密设备和自动化控制等，有必要在整流、滤波后再加入稳压电路，以确保当电网电压发生波动或负载发生变化时，输出电压不受影响，这就是稳压的概念。完成稳压作用的电路称为稳压电路或稳压器。稳压电路是一种当电网电压波动或负载变化时，能够保持输出直流电压基本不变的电源电路。交流电压经过变压器变压后得到合适的次级电压，再经过整流电路整流，经滤波电路滤波后，送入稳压电路稳压，在输出端得到稳定的直流电压（图 1－3－1）。

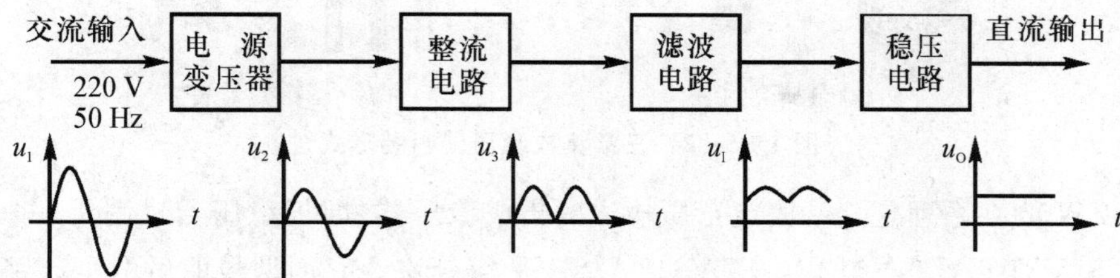

图 1－3－1　直流稳压电源结构框图

由于大多数电子设备所需的直流电压一般为几至几十伏，而交流电网提供的 220 V（有效值）电压相对较大，因此电源变压电路的作用就是用电源变压器对电网电压进行降压。另外，变压器还可以起到将直流电源与电网隔离的作用。

1．整流电路

将降压后的交流电压转换为单向脉动电压，这种脉动电压中包含有较大的直流电压成分，同时还存在着很大的脉动成分（称为纹波），因此一般还不能直接用来给负载供电，需要进一步处理。

2．滤波电路

对整流电路输出的脉动电压进行滤波，从而得到纹波成分很小的直流电压。

经过整流滤波后的电压接近于直流电压，但是其电压值的稳定性很差，它受温度、负载、电网电压波动等因素的影响很大，因此稳压电路的作用就是对输出电压进行稳压，从而保证输出直流电压的基本稳定。

二、三端稳压器

用集成电路形式制造的稳压电路称为集成稳压器。它给稳压电源的制作和使用带来方便。对于使用者来说,应参阅有关资料了解它们的外部特性和应用线路连接图,即可正确地使用。

集成稳压器有多端式(管脚超过三个)和三端式(管脚只有三个)两种,以三端式应用最广。另外根据输出电压是否可调,又分成固定式和可调式。根据输出电压的正、负极性,分为正稳压器和负稳压器。

1. 三端固定式集成稳压器

(1) 产品的封装形式有金属壳和塑料壳两种。它们都有三个管脚,分别是输入端、输出端和公共端,因此称为三端式稳压器。这类稳压管使用方便,性能可靠(内部有保护电路),目前已基本取代了分立元件稳压器(图 1-3-2)。

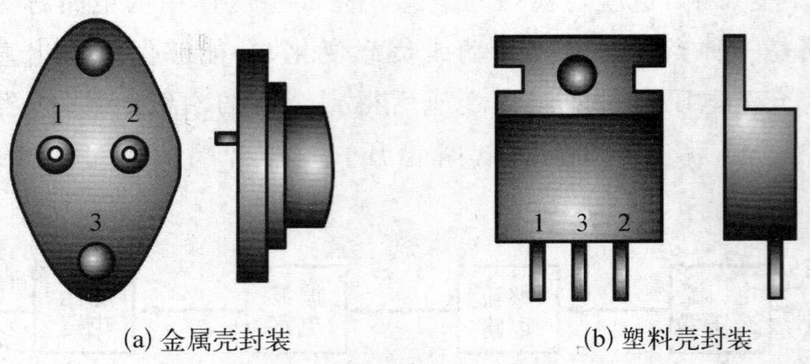

(a) 金属壳封装　(b) 塑料壳封装

图 1-3-2　三端集成稳压器封装形式

(2) CW7800 系列是三端固定正压输出的集成稳压器(即正稳压器)(图 1-3-3),其输出电压有5 V、6 V、9 V、12 V、15 V、18 V、24 V 等挡次。它们型号的后两个数字就是输出电压值,例如:CW7805 的输出电压为正 5 V,其他类推。此系列产品的最大输出电流为 1.5 A。同类型产品还有 CW78M00 系列(0.5 A)、CW78L00 系列(0.1 A)。近来又有 CW78T00 系列(3 A)和 CW78H00 系列(5 A)的产品。

图 1-3-3　三端稳压器实物图

(3) CW7800 系列的管脚，① 脚为输入端、② 脚为公共端、③ 脚是输出端。与 CW7800 系列产品对应的输出负电压的集成稳压器是 CW7900 系列。79 系列在输出电压挡次、电流挡次等方面与 78 系列相同，但管脚不同：① 脚为公共端、② 脚为输入端、③ 脚为输出端。如图 1-3-4 所示。

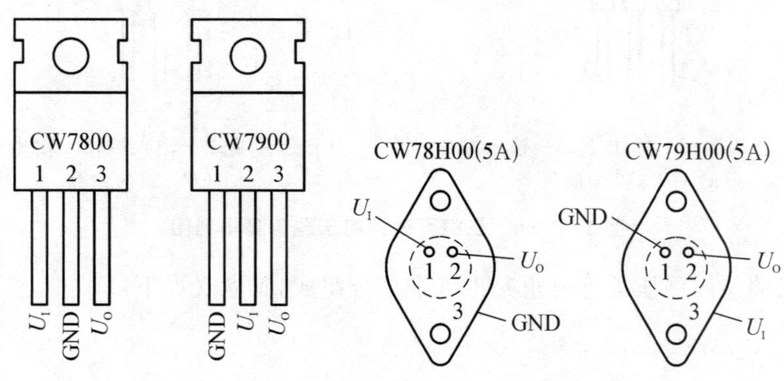

图 1-3-4　CW7800 和 CW7900 管脚排列

(4) 固定输出式三端集成稳压器型号由五个部分组成，其意义如下：

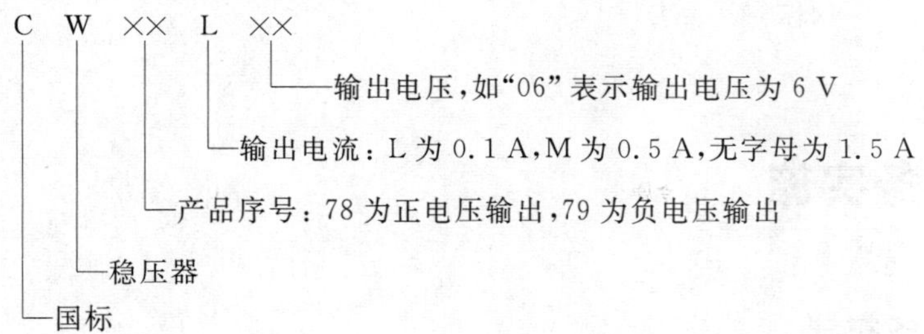

2. 三端可调式稳压器

三端可调式稳压器(图 1-3-5)其外形和管脚的编号都和三端固定式稳压器相同，但管脚功能有区别：CW317 为三端可调式正压输出稳压器，其①脚为调整端，②脚接输入，③脚接输出；CW337 为三端可调式负压输出稳压管，其①脚为调整端，②脚接输出，③脚接输入。

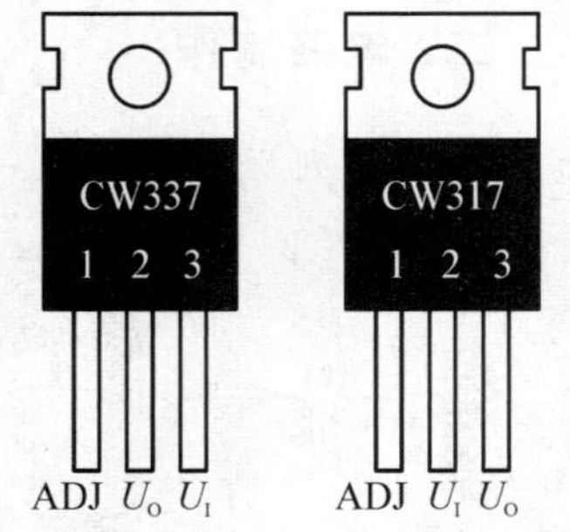

图 1-3-5　三端可调式稳压器

可调式三端集成稳压器不仅输出电压可调节，而且稳压性能要优于固定式，被称为第二代三端集成稳压器。

可调式三端集成稳压器也有正电压输出和负电压输出两个系列：CW117×/CW217×/CW317×系列为正电压输出，CW137×/CW237×/CW337×系列为负电压输出，其外形和引脚排列如图 1-3-6 所示。

1—公共端；2—输出端；3—输入端

(a) CW317×系列

1—公共端；2—输入端；3—输出端

(b) CW337×系列

图 1-3-6　三端可调式稳压器管脚排列图

可调式三端集成稳压器型号也是由五个部分组成，其意义如下：

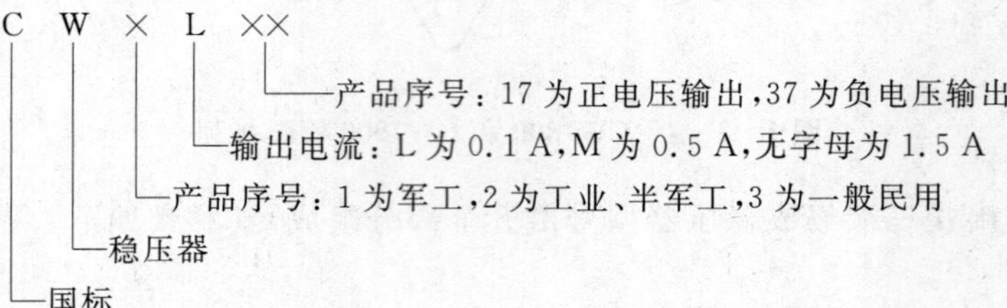

任务实施

一、任务布置

在理解单相直流稳压电源电路的工作原理的基础上，制作、调试具有放大环节的串联型稳压电路。

二、电路制作

1. 按下列原理图（图 1-3-7）在万能板上将电路制作完成

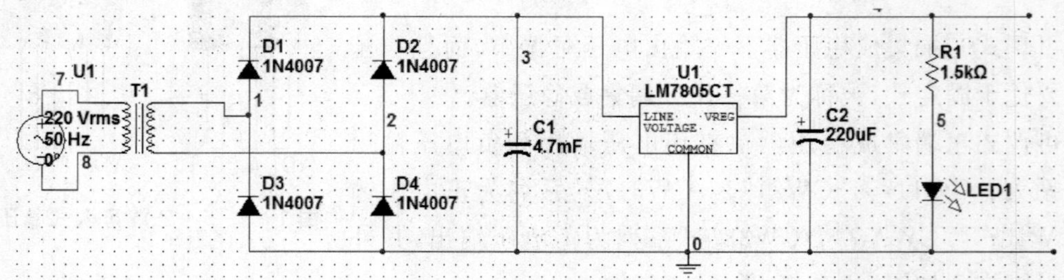

图 1-3-7　串联型稳压电源原理图

元件清单，如表 1-3-1 所示。

表 1-3-1　元件清单列表

名　称	规　格	数　量	名　称	规　格	数　量
变压器	实验台 12 V	1	电容 $C2$	220 μF	1
二极管	1N4007	4	7805 稳压器	______	1
电阻 R_1	1.5 kΩ	1	LED_1		1
电容 C_1	4.7 mF	1	万能板	有连线	1

(1) 识别与检测元器件。若有元器件损坏，请说明情况。

(2) 依据所给原理图设计电路安装接线图。

(3) 焊接并测试。

焊接注意点：按照先低小元件、后高大元件的顺序依次插元件并焊接。

2. 单相调压器及其使用

(1) 单相调压器就是匝比连续可调的自耦变压器，当调压器电刷借于手轮主轴和刷架的作用，沿线圈的磨光表面滑动时，就可连续地改变匝比，从而使输出电压平滑地从零调节到最大值。

(2) 原理图　如图 1-3-8 所示。

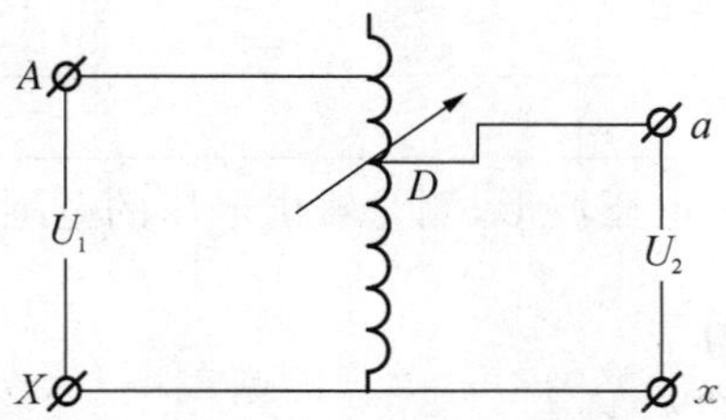

图 1-3-8　单相接触调压器原理图

(3) 实物图　如图 1-3-9 所示。

图 1-3-9　单相接触调压器实物图

交流 220 V 电压由 A、X 端输入，可由 a、x 端输出交流电压，输出电压可连续地从零调节到 250 V 交流电压。

(4) 使用方法

① 分清输入端和输出端。

② 在接入电源之前把输出调在低端。

③ 按照调压器要求在输入端接入电源。

④ 慢慢调节输出端的电压，使输出端的电压达到用电器的要求。

⑤ 断开输入端的电源。

⑥ 接入用电器。

⑦ 接通电源，这时候可以根据要求再次调整电压。

三、电路测试

第一步：通电前检查。首先检查电路各部分接线是否正确，有无漏焊、虚焊，检查电源、地线、信号线、元器件引脚间有无开路、短路等现象，器件有无接错。

第二步：通电检查。接入电路所要求的电源电压，观察电路中各部分器件有无异常现象，如出现异常，应立即断电，待排除故障后再重新接电。

第三步：具体测试过程为：

(1) 观察 U_o 及 I_o 的大小和变化情况，看电路是否正常，若数据异常，说明电路有故障，排除故障，并记录如下：

____

____。

(2) 利用示波器观察输出电压波形，测量输出电压的范围。

四、评价(表 1－3－2)

表 1－3－2　制作与调试考核评分表

评价项目	评价内容	配分	评分标准	得分
实训态度	1. 实训的积极性； 2. 安全操作规程的遵守情况； 3. 纪律遵守情况	20 分	积极参加实训，遵守安全操作规程和劳动纪律，有良好的职业道德和敬业精神。违反安全操作规程扣 20 分，其余不达要求酌情扣分	
元器件的识别与检测	1. 元器件识别； 2. 元器件检测	10 分	不能识别元器件，每个扣 1 分；不会检测元器件，每个扣 1 分	
元器件成型及插装	1. 元器件按工艺要求成型； 2. 元器件插装符合工艺要求； 3. 元器件排列整齐	20 分	元器件成型不符合工艺要求每处扣 1 分；插装错误每处扣 3 分；排列不整齐、混乱，每处扣 1 分	

续 表

评价项目	评 价 内 容	配分	评 分 标 准	得分
焊接	1. 焊点表面光滑、大小均匀、无虚焊、漏焊、搭焊等现象； 2. 焊盘无断裂、翘起、脱落等现象； 3. 符合安全文明生产要求	20 分	不符合评价内容 1，每处扣 1 分；不符合评价内容 2，每处扣 3 分；不符合评价内容 3，扣 3～15 分	
测量	1. 能正确使用仪器仪表； 2. 能正确读数	10 分	测量方法不正确，扣 2～5 分；不能正确读数，扣 2～5 分	
调试	能正确按操作要求对电路调整	20 分	不能按操作要求进行调试，扣 5～20 分	

知识拓展

集成三端稳压器的使用方法

一、CW7800 系列三端固定式集成稳压器的基本应用电路

1. CW7812 集成稳压器应用电路

CW7812 型三端稳压器的最大输出电流为 1.5 A，最大输入电压允许到 35 V，最小输入电压为 14 V，完全可以适应电网电压变化的需要。当输入电压低于 14 V 时，输出电压也随之从 12 V 下降，此时稳压作用消失。CW7812 的输出电压实际偏差≤V_X2%，即为 11.76～12.24 V 之间(图 1-3-10)。

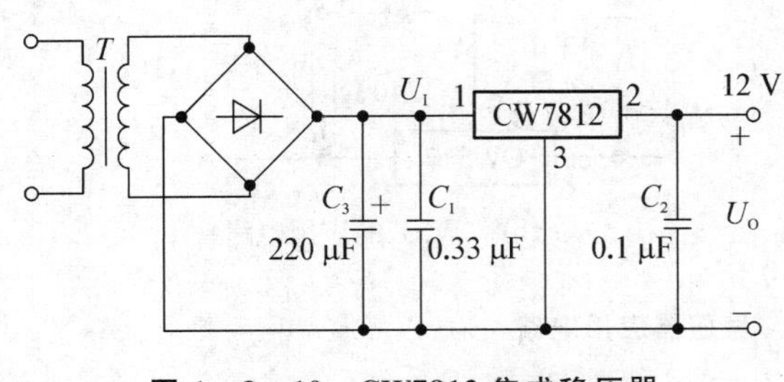

图 1-3-10　CW7812 集成稳压器

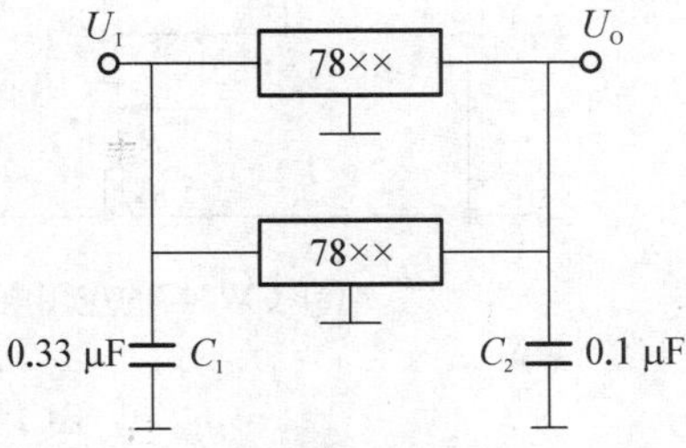

图 1-3-11　扩流电路

2. 扩流电路

图 1-3-11 中，把两个参数完全一致的两个 CW7800 系列集成稳压器并联，则它的最大输出电流扩展为原来的两倍，即 1.5 A×2。

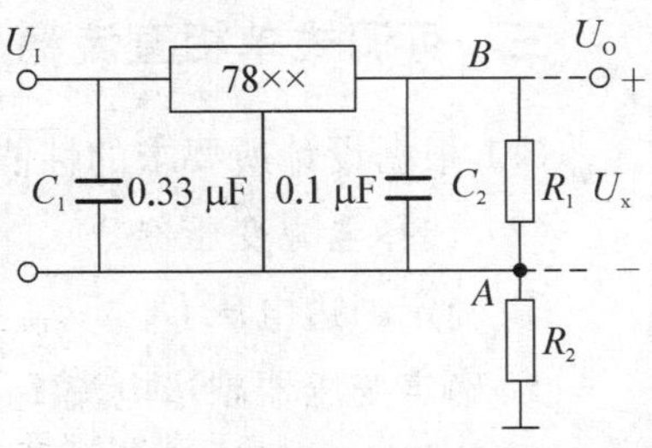

图 1-3-12　调压电路

3. 输出电压可调电路

图 1-3-12 为电压可调电路，如果稳压器输出电压

为 U_X，即$U_{BA}=U_X$，而 $U_A=U-U_X$，$U_O-U_X=\frac{R_2}{R_1+R_2}U_O$，则$U_O\approx(1+R_2/R_1)U_X$。可见，调节 R_2 之值，即可调节 U_O 的值。

4. 电压极性变换电路

如果只有 CW7800 系列稳压器，需要输出负电压，可按图 1－3－13(a)方法连接；相反，如果只有 CW7900 系列稳压器，要输出正电压，则可按图 1－3－13(b)方法连接。

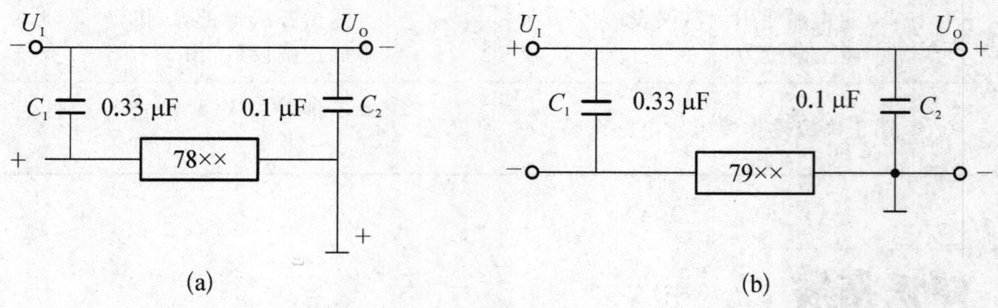

图 1－3－13　电压极性变换电路

二、CW317 和 CW337 的基本应用电路

如图 1－3－14 所示，只需外接两个电阻(R_1 和 R_p)就可得到所需的输出电压。为了使电路正常工作，一般输出电流不小于 5 mA。输入电压范围在 3～40 V 之间，输出电压可调范围为1.25～37 V，器件最大输出电流约 1.5 A。

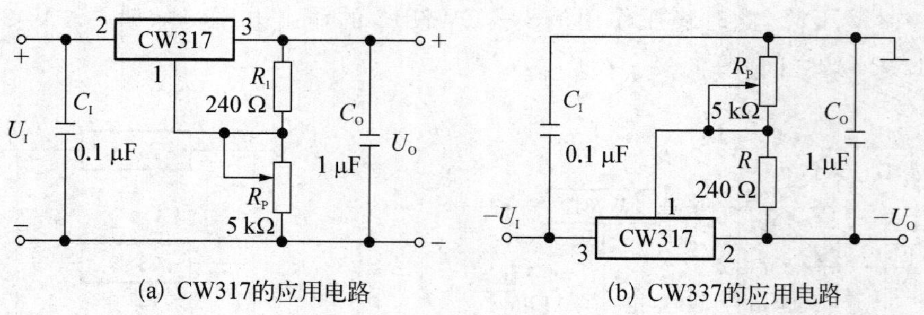

图 1－3－14　稳压器应用电路

三、可调式单相直流稳压电源设计

(1) 根据设计所要求的性能指标，选择集成三端稳压器。

(2) 选择电源变压器

① 确定副边电压 U_2。

② 确定变压器副边电流 I_2。

③ 选择变压器的功率。

(3) 选择整流电路中的二极管。

(4) 滤波电路中滤波电容的选择。

注意：因为大容量电解电容有一定的绕制电感分布电感，易引起自激振荡，形成高频干扰，所以稳压器的输入、输出端常并入瓷介质小容量电容用来抵消电感效应，抑制高频干扰。

目标检测

一、选择题

1. 79系列引脚1表示________端　(　　)

A. 输入　B. 输出　C. 接地　D. 调整

2. 在元器件手工焊接过程中，错误的元器件焊接原则是　(　　)

A. 先小后大，先轻后重　B. 先里后外，先高后低

C. 先焊分立元件，后焊集成块

3. 稳压电路中的无极性电容主要作用是　(　　)

A. 滤除直流中的高频成分　B. 滤除直流中的低频成分

C. 储存电能的作用

二、填空题

1. LM317输出电压范围是________，其中1脚为________端，2脚为________端，3脚为________端。

2. 在三端固定式集成稳压器中，78系列输出为________电压，79系列输出为________电压。

三、计算分析题

1. 分析图1-3-15所示电路：

(1) 说明由哪几部分组成？各组成部分包括哪些元件？

(2) 在图中标出U_I和U_O的极性。

(3) 求出U_I和U_O的大小。

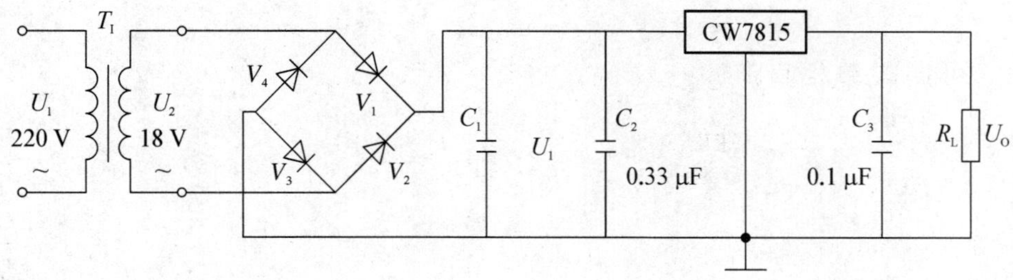

图1-3-15　电路图

项目小结

本项目通过制作和测试单相桥式整流电路、电容滤波电路和基于三端稳压块的串联型稳压电路，学习了有关直流稳压电路的基本概念、基本知识，训练了直流稳压电源的制作和调试方法，了解了电路制作的基本方法，练习了万用表、示波器和交流毫伏表的基本使用方法。

项目二　制作与调试简易扩音器

项目介绍

扩音器是一种用来放大音频信号，以获得较高音量的装置。从电路组成上看，它可用图 2-0-1 所示的框图来表示。

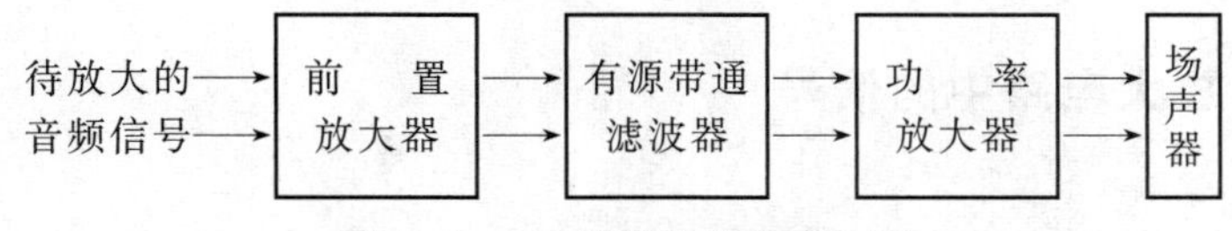

图 2-0-1　扩音机的组成框图

待放大的音频信号(频率范围：20 Hz～20 kHz)很弱时，其电压值一般在几毫伏以下，是一种小信号，通过前置放大器对其进行放大，输出足够强的电压信号。然后对信号进行滤波，选择一定频率范围(300 Hz～3 kHz 便可满足通常的需要)内的信号，使其通过，对该频率范围之外的信号(如低频噪声、高频干扰等)加以抑制，这样可优化声音效果。滤波后的信号送入功率放大器进行功率放大，使信号电压与电流同时满足驱动扬声器所需。

下面，我们将首先学习与制作扩音机中的各功能电路(低频小信号电压放大器、负反馈放大器、有源滤波器以及音频功率放大器等)，然后再对扩音机的整机电路进行安装与调试。

学习目标

- 掌握三极管的应用常识。
- 了解晶体管毫伏表的使用方法。
- 理解以下各种电路的组成与工作原理：固定偏置与分压式偏置共射放大器、共集放大器、负反馈放大器以及低频功率放大器。
- 了解放大器的图解分析法。
- 掌握负反馈放大器的应用特点。
- 了解反馈类型的判别方法与反馈放大器的计算。
- 理解扩音机的电路组成与工作原理。
- 会识别三极管并能对其进行检测。
- 会制作分压式偏置共射放大器，并能对其进行测试。
- 能完成以下各种电路的制作与测试：共集放大器、负反馈放大器、有源滤波器以及低频功率放大器；会安装扩音机电路，并能完成电路调试。

任务一 制作与调试固定偏置共射放大电路

知识准备

一、放大电路中的信号

1. 信号

电信号是指随着时间而变化的电压或电流，信息通过电信号进行传送、交换、存储、提取等。电子电路中的信号均为电信号，一般也简称为信号。

2. 放大电路

放大信号是电子电路的基本用途之一，将微弱电信号放大成较大电信号的电路称为放大电路或放大器。图 2 - 1 - 1 是放大电路工作示意图。

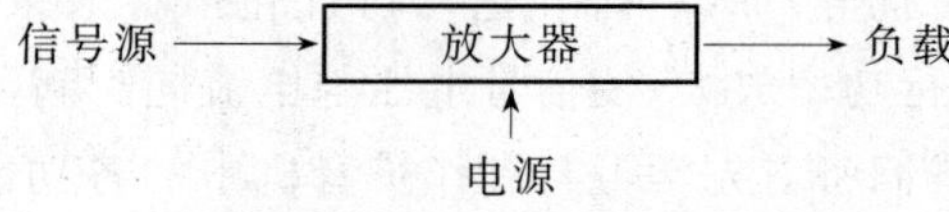

图 2 - 1 - 1 放大电路工作示意图

3. 信号放大

所谓信号放大是放大器的一种特定的工作性能，它能将微弱或很小的输入信号加以放大，成为较大信号的输出。“放大”的实质是以微弱信号控制放大电路工作，将电源能量转化为与微弱信号相对应的较大能量的信号，这里反映的“放大”是一种以小控大的能力。

二、固定偏置共射放大电路

放大电路的种类很多，一个放大器的组成，除了需要核心部分——放大器件以外，通常还要有偏置电路。其中最基本的放大电路是由单个三极管组成的放大电路。图2-1-2是固定偏置共射放大电路的电路原理图。偏置电路是用来为放大器件提供合适的静态(电路无信号输入时的状态)偏置电流与偏置电压，以保证动态(电路有信号输入时的状态)下的放大器件能始终工作于线性放大状态。由于该电路以三极管发射极作为交流输入、输出回路的公共端，因此，称其为共发射极放大电路，简称共射放大电路。

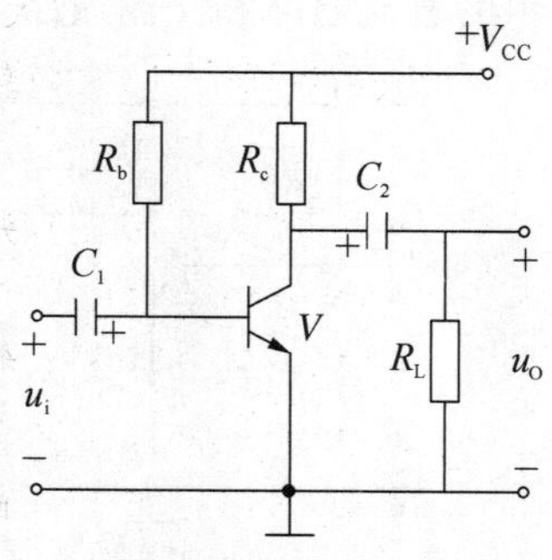

图 2-1-2　固定偏置共射放大电路

1. 元件的作用

(1) V　晶体三极管，其作用是将电流放大，是整个放大电路的核心。

(2) V_{cc}　直流电源，是整个放大电路能量的提供者，它通过电阻R_b向发射结提供正偏电压；通过电阻R_C向集电结提供反偏电压。

(3) R_b　基极偏置电阻，由它和直流电源共同决定基极直流电流I_B的大小。

(4) R_c　集电极偏置电阻，它的作用是将集电极电流i_C的变化转换成集电极电压u_{CE}的变化。否则，若$R_c=0$，则u_{CE}恒等于V_{CC}，输出电压u_O等于0，电路失去放大作用。

(5) C_1和C_2　输入、输出耦合电容，起隔直流、通交流的作用。在低频放大电路中，C_1和C_2通常采用电解电容。

2. 电路中电压和电流符号的规定

(1) 直流分量　用大写字母和大写下标表示，如I_B表示基极的直流电流。

(2) 交流分量　用小写字母和小写下标表示，如i_b表示基极的交流电流。

(3) 瞬时值　是直流分量和交流分量之和，用小写字母和大写下标表示，如$i_B=I_B+i_b$表示基极电流的总量。

(4) 交流有效值　交流有效值用大写字母小写下标表示，如I_b表示基极正弦交流有效值。

3. 交直流通路的画法

在放大电路中，直流量和交流量共存。由于电容、电感等电抗原件的存在，使直流量所流经的通路与交流量所流经的通路是不完全相同的。为了分析电路方便起见，常把放大电路的直流通路和交流通路分开来研究。

(1) 直流通路　直流通路是指放大电路未加输入信号时，在直流电源作用下直流电流流经的通路。它用于研究电路的静态工作点等问题。

画直流通路的原则是：电容视为开路；电感线圈视为短路。

(2) 交流通路　交流通路是指在交流信号 v_i 作用下，交流信号流经的通路。它用于研究放大电路的动态参数及性能指标等问题。

画交流通路的原则是：电容视为短路；直流电源视为短路。

根据上述要点，可把图 2-1-3(a)的放大器电路画成图 2-1-3(b)和图 2-1-3(c)所示的直流通路和交流通路。

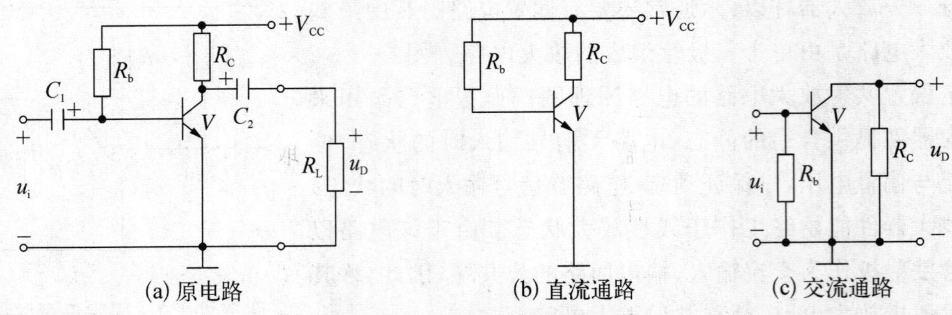

图 2-1-3　直流、交流通路画法

4. 放大器常用指标

(1) 放大倍数　放大倍数是衡量放大器放大能力的指标。在输出波形不失真的情况下，它定义为输出量与输入量之比。

① 电压放大倍数 A_v：指放大器的输出电压有效值 U_o 与输入电压有效值 U_i 的比值，定义为：

$$A_v = \frac{U_o}{U_i}$$

② 电流放大倍数 A_i：指放大器的输出电流有效值 I_o 与输入电流有效值 I_i 的比值，定义为：

$$A_i = \frac{I_o}{I_i}$$

③ 功率放大倍数 A_P：指放大器的输出功率 P_o 与输入功率 P_i 的比值。定义为：

$$A_P = \frac{P_o}{P_i}$$

在电子工程中，电路的放大倍数有时很大，有时又很小，表示起来不方便，所以通常将放大倍数用对数形式来表示，称之为增益(gain，简记 G)，且单位用分贝(dB)来表示。即

功率增益　　$G_P = 10\lg A_P$ (dB)

电压增益　　$G_u = 20\lg A_v$ (dB)

电流增益　　$G_i = 20\lg A_i$ (dB)

G_P、G_u、G_i 三者关系为：$G_P = \dfrac{G_u + G_i}{2}$。

还需说明一点：若电路的放大倍数 $A>1$ 或增益 $G>0$，则该电路称为放大器（如电压放大器的 $|A_u|>1$ 或 $G_u>0$）；若放大倍数 $A=1$ 或增益 $G=0$，则电路称为跟随器（如电压跟随器的 $|A_u|=1$ 或 $G_u=0$）；若 $A<1$ 或 $G<0$，则电路称为衰减器。

（2）输入电阻 R_i 与输出电阻 R_o　放大器是整个电子设备的一个中间环节，图 2-1-1 也说明了这一点。相对于前接的信号源来说，放大器是负载，从输入端"看进来"可等效为一个电阻，这也就是放大器的输入电阻 R_i；相对于后接的负载，放大器是一个电压（或电流）信号源，从输出端"看进来"可等效为一个实际电压（或电流）源，其内阻也就是放大器的输出电阻 R_o。

① 输入电阻 R_i：输入电阻 R_i 的大小，体现了放大器对信号源的影响程度。R_i 越大，一方面 u_i 越接近 u_s，另一方面 i_i 越小（信号源的负担越轻）。因此，当放大器以电压放大为主要目标时，它的输入电阻 R_i 总是越大越好。

在电路分析中，求解放大器输入电阻 R_i 常用的方法是：取走信号源，在放大器的输入端加上交流电压 u，形成交流电流 i（u 与 i 参考方向一致），那么 $R_i=\frac{u}{i}$。

② 输出电阻 R_o：输出电阻 R_o 的大小，体现了放大器的带负载能力。作为电压放大器，R_o 越小，则输出电压 u_o 受负载的影响就越小，u_o 越稳定，电压放大器的带负载能力便越强。

在电路分析中，求解放大器输出电阻 R_o 常用的方法是：取走负载，对信号源作除源处理（令 $u_S=0$ 即可），然后在输出端加上交流电压 u，形成交流电流 i（u 与 i 参考方向一致），那么 $R_o=\frac{u}{i}$。

任务实施

一、任务布置

在电子产品中，放大电路的用途是非常广泛的，它能够利用三极管的能量控制作用把微弱的电信号放大到所需要的强度。例如，常见的音响放大器就是一个典型的把微弱的声音变大的放大电路，声音先经过话筒，把声波转换成微弱的电信号，经过放大器，利用三极管的控制作用，把电源供给的能量转换为较强的电信号，然后经过扬声器（喇叭）把放大后的电信号还原为较强的声音。

下面来制作和调试最基本的三极管单级放大电路——共射基本放大电路。

二、任务目标

（1）增强专业意识，培养良好的职业道德和职业习惯。

(2) 熟悉固定偏置共射放大器的组成，并理解其工作原理。

(3) 会使用直流稳压电源、示波器、函数信号发生器以及晶体管毫伏表。

(4) 能完成固定偏置共射放大器的制作。

(5) 会进行静态工作点的调整与动态性能指标的测试。

三、认识电路

阻容耦合式固定偏置放大电路如图 2-1-4 所示。

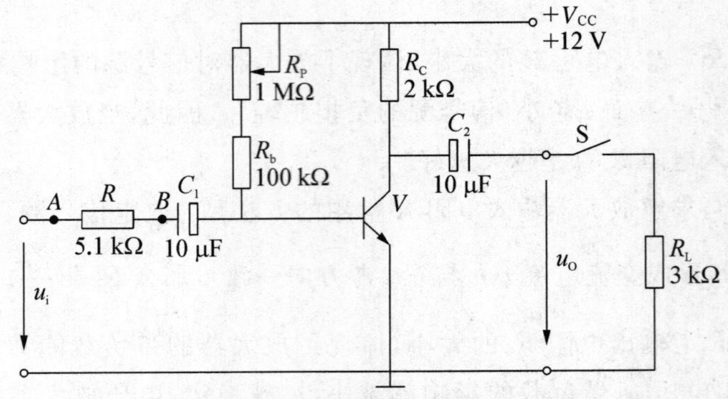

图 2-1-4 阻容耦合式固定偏置放大电路

四、电路制作

1. 元件清单(表 2-1-1)

表 2-1-1 元件清单

元器件名称	规格	数量
电位器 R_P	1 MΩ	1个
电阻 R_b	100 kΩ	1个
电阻 R	5.1 kΩ	1个
电阻 R_L	3 kΩ	1个
电阻 R_C	2 kΩ	1个
电解电容 C_1、C_2	10 μF/50 V	2个
三极管 V	3DG201A	1个
通用面包板		1块

2. 元件测试

识别与检测元器件。若有元器件损坏，请说明情况。

3. 制作要求

(1) 要按工艺要求装接电路。

(2) 电解电容的极性不能接错，以免造成电容器的损坏。

(3) 电路装接好之后才可接通电源。

(4) 进行性能指标测试时，一定要注意测试条件。

五、电路测试

1. 测试实验设备

双踪示波器 1 台、直流稳压电源 1 台、万用表 1 只、低频信号发生器 1 台、晶体管毫伏表 1 只。

2. 静态工作点的调整与测试(图 2－1－5)

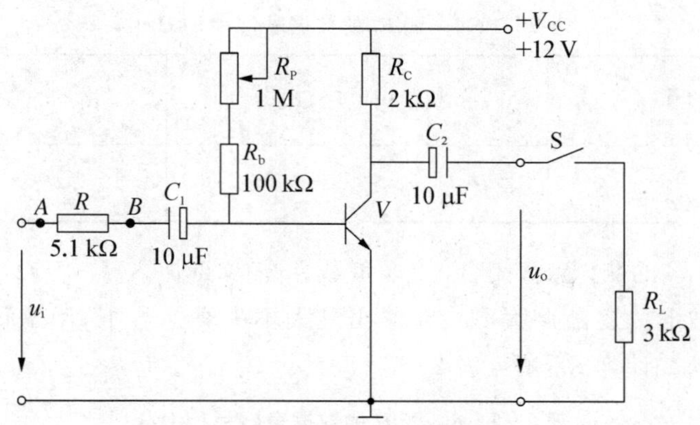

图 2－1－5　静态工作点的调整与测试

(1) 静态工作点 Q 的调整　合上 S，接入负载。接通＋12 V 直流电源，在 B 点加入 $f=1$ kHz 的正弦信号 u_i，用示波器监测 u_o 波形。反复调整 R_P 及信号源的输出幅度，使放大器输出电压的不失真幅值最大。观测 u_o 波形，得 $U_{om(max)}=$ ________。

(2) 静态工作点 Q 的测试　取走信号源，用万用表直流电压挡测量三极管各极对地电压，填入表 2－1－2。计算 U_{BEQ}、U_{CEQ} 及 I_{EQ} 值，填入表 2－1－2。

表 2－1－2　共射放大器的静态工作点 Q 测试数据表

U_{EQ}(V)	U_{BQ}(V)	U_{CQ}(V)	U_{BEQ}(V)	U_{CEQ}(V)	I_{EQ}(mA)

3. 性能指标的测试

(1) 电压放大倍数 A_u 的测试　S 断开和闭合两种情况下，在 B 点加入 $f=1$ kHz 的正弦信号 u_i，用示波器监测 u_o 波形。逐渐调大 U_i，在输出最大不失真信号下，用毫伏表测

U_i和U_o值，记入表2-1-3。计算A_u，填入表2-1-3。

表2-1-3 电压放大倍数测试数据表

输入信号频率	S是否闭合	U_i(mV)	U_o(mV)	$A_u = U_o/U_i$
1 kHz	未闭合			
	已闭合			

(2) 输出电阻R_o的测试　在B点加入$f=1$ kHz的正弦信号u_i，用示波器监测u_o波形。断开S，电路空载。逐渐调大U_i，在输出最大不失真信号下，用毫伏表测量空载输出电压U_o'，记入表2-1-4。然后，闭合S，接入负载，用毫伏表测量电路负载下的输出电压U_o，记入表2-1-4。最后，计算R_o，填入表2-1-4。

表2-1-4 测R_O的数据表(f=1 kHz)

空载输出电压U_o'(V)	负载输出电压U_o(V)	$R_o = \left(\frac{U_o'}{U_o}-1\right)R_L(\Omega)$

(3) 输入电阻R_i的测试　S闭合，接入负载。在A点加入$f=1$ kHz的正弦信号u_s，用示波器监测u_o波形。逐渐调大U_S，在输出最大不失真信号下，用毫伏表测量U_S和U_i值，记入表2-1-5。计算R_i，填入表2-1-5。

表2-1-5 测R_i的数据表(f=1 kHz)

U_S(V)	U_i(V)	$R_i = \frac{U_i}{U_S - U_i}R(\text{k}\Omega)$

六、任务考核(表2-1-6)

表2-1-6 共射放大器的制作与测试考核表

项　目	内　容	配分	考 核 要 求	扣分标准	得分
实训态度	1. 实训的积极性； 2. 安全操作规程的遵守情况； 3. 纪律遵守情况	30分	积极参加实训，遵守安全操作规程和劳动纪律，有良好的职业道德和敬业精神	违反安全操作规程扣30分，其余不达要求酌情扣分	

续　表

项　目	内　容	配分	考核要求	扣分标准	得分
元器件的识别与检测	1. 元器件识别； 2. 元器件检测	10 分	能正确识别元器件；会用万用表检测元器件	不能识别元器件，每个扣 1 分；不会检测元器件，每个扣 1 分	
电路的制作	1. 画出电路装配图； 2. 按装配图装接	15 分	装配图布局合理；电路装接符合工艺规范；走线美观	电路装接不规范，每处扣 1 分；电路接错，每处扣 5 分；装配图不合理、走线不美观，酌情扣分	
静态工作点的调整与测试	1. 静态工作点 Q 的调整； 2. 静态工作点 Q 的测试	15 分	仪器、仪表使用正确；能正确进行静态工作点的调整与测试	仪器、仪表使用错误，每次扣 2 分；Q 点调整错误，扣 5 分；数据记录、处理错误，每次扣 1 分	
性能指标的测试	1. A_u 的测试； 2. R_o 的测试； 3. R_i 的测试	30 分	能按要求进行 A_u、R_o、R_i 的测试	数据记录错误，每次扣 2 分；数据处理错误，每次扣 5 分	
合计		100 分			
注：各项配分扣完为止					

七、任务思考

(1) 图 2-1-4 中，接入 R_P 的目的何在？

(2) 请仔细思考与体会在对各性能指标进行测试时，测试方法的正确性与测试条件的合理性。

(3) 用万用表的直流电压挡测量耦合电容 C_1、C_2 静态与动态下的端电压(注意极性)。你会发现什么现象？为什么会这样？

晶体管毫伏表及其使用方法

在电子工程、电子实验室、电子产品生产线以及科研中，交流毫伏表(又称晶体管毫伏表、电子电压表)是常用的电子仪器，掌握它们的使用常识很有必要，下面作一简介。

晶体管毫伏表可对一定频率范围的交流电压进行测量。以下说明是以 LM2191 型交流毫伏表为例。

1. 技术参数

(1) 交流电压测量范围　100 μV～400 V。共分 40 mV、400 mV、4 V、40 V 和

400 V 五个量程；测量电压的频率范围为 10 Hz～2 MHz。

(2) 电压的固有误差　±0.5%，读数±6 个字(以 1 kHz 为基准)。

(3) 基准条件(以 1 kHz 为基准)下的频率影响误差　50 Hz～100 kHz 时，±1.5%，读数±8 个字；20 Hz～50 Hz 或 100 kHz～500 kHz 时，±2.5%，读数±10 个字；10 Hz～20 Hz 或 500 kHz～2 MHz 时，±4%，读数±20 个字。

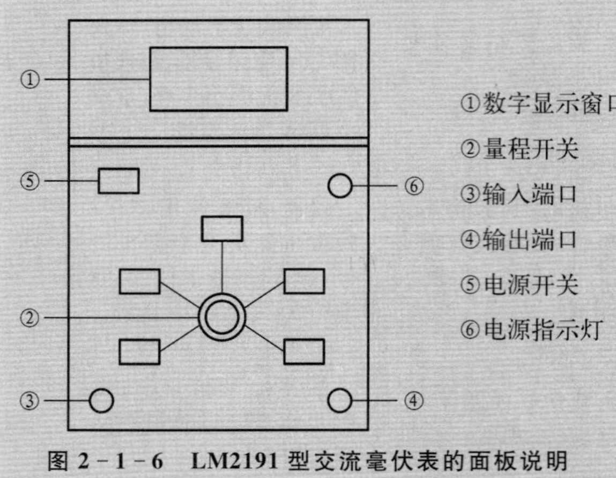

图 2-1-6　LM2191 型交流毫伏表的面板说明

(4) 输入电阻　1 MΩ±10%；输入电容：40 mV～400 mV 时≤45 pF，4 V～400 V 时≤30 pF。

(5) 最高分辨力　10 μV。

(6) 噪声　输入短路时<15 个字。

2. 功能说明

LM2191 型交流毫伏表的面板说明，如图 2-1-6 所示。

3. 使用

测量前，电源开关键应弹出，量程打到最大，并进行机械调零。

测量时，首先接入电源并打开电源，然后进行下列操作：

(1) 将输入信号由输入端口送入交流毫伏表。

(2) 选择合适量程，使指针偏转不低于满刻度的 1/3。

如果将交流毫伏表的输出用探头送入示波器的输入端，那么当指针满刻度偏转时，其输出应满足指标。

知识拓展

一、三极管基本知识

(一) 三极管及其种类

1. 三极管的结构与符号

三极管也称晶体三极管、半导体三极管等，它是在一块本征半导体中按特定方式进行掺杂，构成三个杂质区、两个 PN 结，每个杂质区各引出一个电极，然后封装而成的。三极管分为 NPN 和 PNP 两个基本类型，各自的结构示意图和电路中的符号，如图 2-1-7(a)、(b)所示。

有两点需要说明：

(1) 三极管由两个 PN 结构成，相当于两只二极管。但是如果简单地将两只二极管加以连接，它并不具备三极管的特性，这是由于三极管的掺杂工艺要求很独特：发射区掺杂

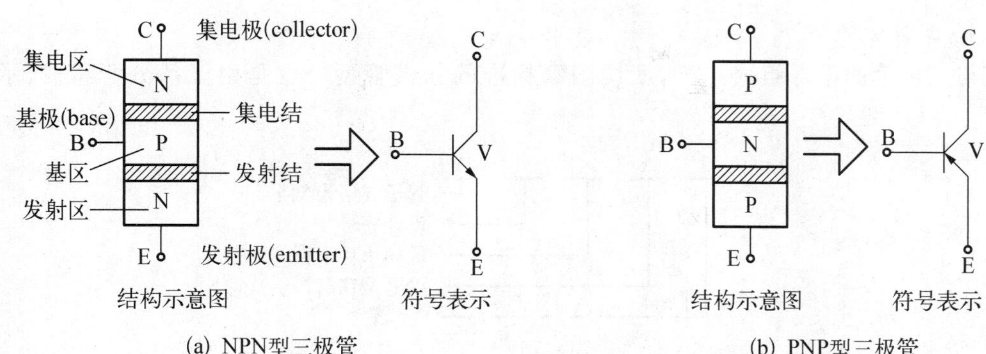

图 2-1-7　两种类型三极管的内部结构示意图与电路符号

浓度最高，基区掺杂最轻且做得很薄，集电区体积最大或集电结面积最大。

(2) 三极管图形符号中的箭头，表示发射结的正偏电压方向。三极管的文字符号一律用 V 表示。

2. 三极管的种类与外形

三极管的种类很多，具体分类如图 2-1-8 所示。

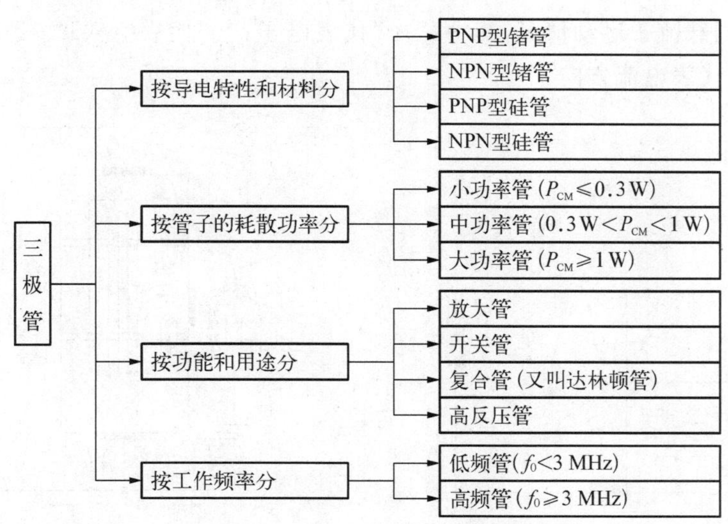

图 2-1-8　三极管的分类

三极管的外形封装有多种形式，从封装材料上看，大致有金属封装、塑料封装和陶瓷封装等。图 2-1-9 为几种三极管的实物图。

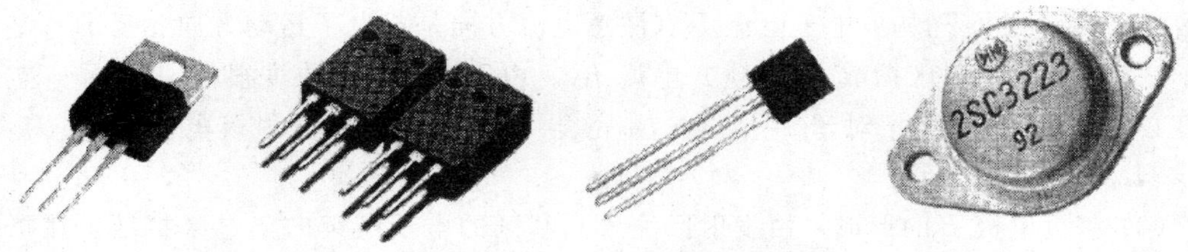

图 2-1-9　几种三极管的实物图

3．三极管的型号

与二极管的型号组成一样，我国国家标准的三极管型号也是由五部分所组成，示例如下：

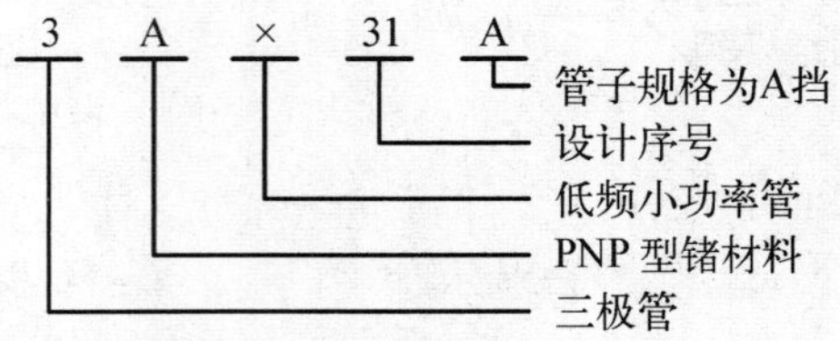

（二）三极管各极电流的形成与电流控制作用

NPN 型三极管与 PNP 型三极管在工作原理上是完全相同的，下面以 NPN 型为例加以说明。

1．三极管内部的载流子运动形成了各极电流

如图 2－1－10(a)所示电路中，三极管的发射极是两个网孔的公共端，这种接法称为共射极，它是放大电路中的一种常见组态。同时，放大电路中的三极管对外加电压的极性有着特定的要求：发射结外加正偏电压；集电结外加反偏电压。图 2－1－10(b)主要体现了三极管内部的载流子运动情况，其中："·"代表电子；"o"代表空穴；"→"代表载流子的运动方向；"⇨"代表电流方向。

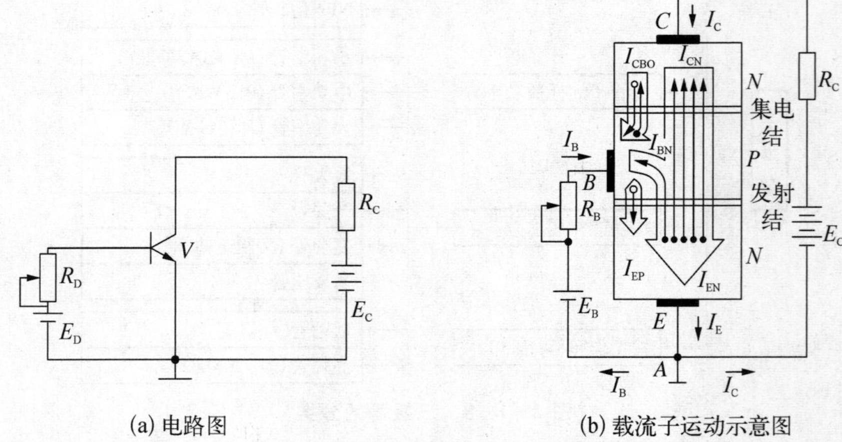

(a) 电路图　　(b) 载流子运动示意图

图 2－1－10　NPN 型三极管的各极电流形成

(1) 发射极电流 I_E的形成　在电源 E_B作用下，发射结正偏，促进多子扩散。发射区向基区注入大量的电子，构成电子电流 I_{EN}(注意电流方向是与电子运动方向相反的)；基区多子—空穴也向发射区扩散，构成空穴电流 I_{EP}。由于基区掺杂浓度很低，其多子—空穴浓度必然很低。这样，相对于 I_{EN}而言，I_{EP}完全可以忽略不计，发射极电流 $I_E = I_{EN} + I_{EP} \approx I_{EN}$。

(2) 基极电流 I_B的形成　由发射区注入到基区的电子继续向集电区扩散。在扩散过程中，有一小部分电子将与基区中的空穴复合，构成电流 I_{BN}；其余的电子在集电结反

偏电压作用下，被收集到集电区，构成电流 I_{CN}。此外，集电结的反偏电压还将促成集电区、基区中的少子相互漂移，构成电流 I_{CBO}，该电流数值很小且与外加反向电压强弱关系不大，所以将它称为集—基反向饱和电流。总体而言，基极电流 $I_B = I_{BN} + I_{EP} - I_{CBO} \approx I_{BN} - I_{CBO}$。

(3) 集电极电流 I_C 的形成　在集电结反偏电压作用下，集电区中的载流子运动包含两方面：一是收集基区中源自发射区的电子；一是集电区与基区之间的少子漂移。两方面所对应的电流分别为 I_{CN} 和 I_{CBO}，故集电极电流 $I_C = I_{CN} + I_{CBO}$。

两种载流子的运动形成了三极管上的电流，所以又将三极管称为双极型器件。

2. 三极管的电流分配关系

当三极管的结构确定下来之后，只要满足前面所讲的外部偏置条件(发射结正偏、集电结反偏)，那么注入到基区中的载流子，被收集到集电区的部分与在基区中被复合掉的部分的比例便确定了，即 I_{CN} 与 I_{BN} 之比一定，通常表示为 $I_{CN}/I_{BN} = \beta$，β 称为共射交流电流放大系数，它一般在 20～200 之间。这样就有：

$$I_C = I_{CN} + I_{CBO} = \beta I_{BN} + I_{CBO} = \beta(I_B + I_{CBO}) + I_{CBO} = \beta I_B + (1+\beta) I_{CBO}$$

此外，三极管各极电流必然满足 KCL，即 $I_E = I_B + I_C$。

3. 三极管的电流控制作用

放大电路中的三极管，它的作用主要体现在电流控制。也就是通过较小的基极电流变化量 ΔI_B 去控制较大的集电极电流变化量 ΔI_C，且：

$$\frac{\Delta I_C}{\Delta I_B} = \beta$$

所以，三极管实质上是一种电流控制型器件。

(三) 三极管的共射输入、输出特性曲线

三极管的特性曲线是指三极管各极电压与电流之间的关系曲线，它是三极管内部载流子运动的外在表现。从使用角度来说，了解三极管的外特性远比了解内部载流子的运动更重要。当然，了解载流子的导电机理会有助于理解三极管的外特性。

以下讨论，是针对 NPN 型三极管在电路中接成共射极来进行的。至于 PNP 型管的特性，只需改变各极电流、电压的参考方向，便与 NPN 型管的特性一致。

图 2-1-11 所示共射电路中，三极管 B、E 极所在回路为输入回路，C、E 极所在回路为输出回路。

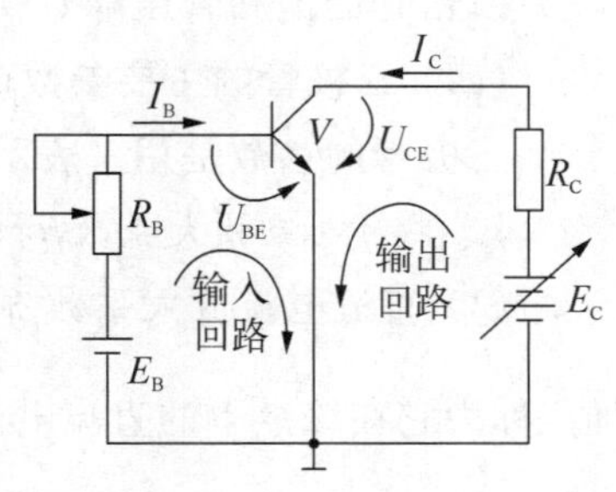

图 2-1-11　共射电路

1. 输入特性曲线

输入特性，是指 U_{CE} 一定时，发射结外加电压 U_{BE} 与基极电流 I_B 之间的对应关系。图 2-1-12 为三极管的共射输入特性曲线，由于放大电路中的三极管发射结处于正偏，所以只画出 $U_{BE} > 0$ 时的曲线。

当 U_{CE} 一定时，输入特性曲线与二极管的正向伏安特性

曲线具有相同的变化规律。当 U_{CE} 由零增大时，输入特性的分析如下：保持 U_{BE} 不变，随着 U_{CE} 的增大，集电结反偏电压增大，集电能力增强，由发射区注入到基区中的载流子在基区中的复合减少，I_B 便减小，工作点由 Q_1 移到 Q_2。当 $U_{CE} \geqslant 1$ V 时，集电结的集电能力便足够强了，I_B 不再明显减小。

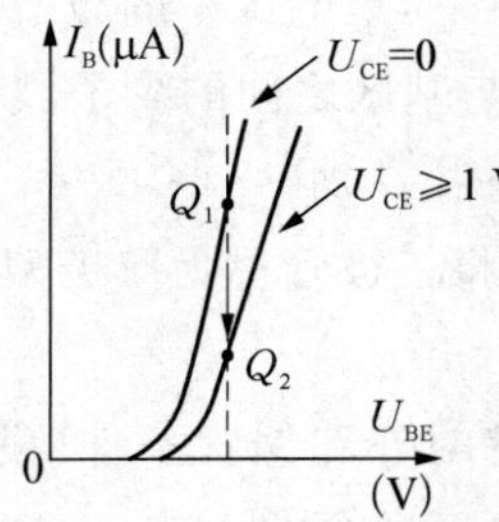

图 2-1-12　输入特性曲线

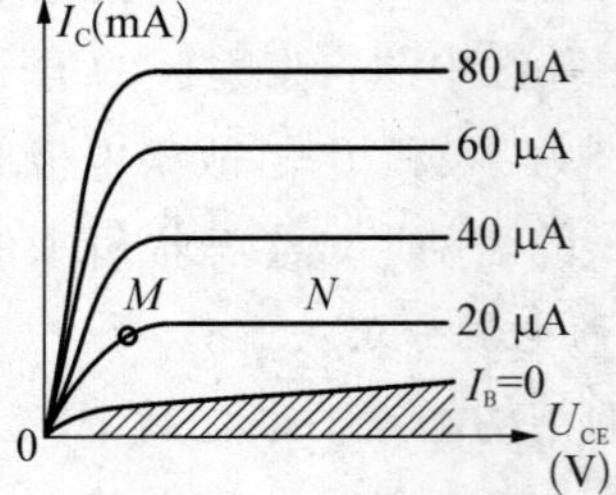

图 2-1-13　输出特性曲线

2. 输出特性曲线

输出特性，是指 I_B 一定时，U_{CE} 与 I_C 之间的关系。图 2-1-13 为三极管的共射输出特性曲线。由图可见，对应于不同的 I_B 取值，均有一条变化规律相同的输出特性曲线。现以 $I_B = 20\ \mu$A 的输出特性曲线为例，加以说明。

在起始段 OM（又称饱和区），随着 U_{CE} 的增大，I_C 显著上升。这是由于 U_{CE} 很小时，集电结反偏电压很小，甚至是正偏电压，它对注入基区的载流子吸引力不够，此时 I_C 受 U_{CE} 影响很大。

当 U_{CE} 超过某一数值（稍小于 1 V），进入 MN 段（又称恒流区、线性区、放大区），输出特性曲线变得平坦。这是由于 U_{CE} 足够大，集电结的集电能力足够强，注入基区中的载流子除了复合掉的部分外，全部被收集到集电区，I_C 基本恒定。

此外，$I_B \leqslant 0$ 的区域（如阴影线所示）常称为截止区，此时的发射结无正偏电压（通常外加的是反偏电压），$I_B \approx 0$，$I_C \approx 0$，三极管不导通。

综上所述，三极管有三个工作区：截止区、放大区和饱和区。在实际电路中，不同工作状态下的 PN 结偏置情况通常为：截止状态——发射结、集电结均反偏；放大状态——发射结正偏、集电结反偏；饱和状态——发射结、集电结均正偏。

最后说明一点：三极管工作于饱和区时，U_{CE} 很小。通常，硅管的饱和管压降 U_{CES} 取 0.3 V；锗管的饱和管压降 U_{CES} 取 0.1 V。

（四）三极管的主要参数

三极管的参数是用来表示管子性能优劣和适用范围的，它是选用三极管的依据。

1. 共射电流放大系数 $\widetilde{\beta}$ 和 β

(1) 直流电流放大系数 $\widetilde{\beta}$　三极管对应于某一工作点下的集电极电流与基极电流的比值，称为它在该点下的直流电流放大系数，用 $\widetilde{\beta}$ 表示。即：$\widetilde{\beta} = \dfrac{I_C}{I_B}$。

(2) 交流电流放大系数 β　当三极管的工作点发生位移时，集电极电流的变化量

ΔI_C与基极电流的变化量 ΔI_B的比值，就称为它的交流电流放大系数，用 β 表示，即：$\beta = \dfrac{\Delta I_C}{\Delta I_B}$。

通常，$\bar{\beta}$与 β 近似相等，且在 20～200 之间。

2. 极间反向电流 I_{CBO}和 I_{CEO}

(1) 集—基反向饱和电流 I_{CBO}　I_{CBO}是指三极管的发射极开路($I_E=0$)，集电结外加反向偏置电压时所形成的反向饱和电流。I_{CBO}可用图 2-1-14 所示的电路进行测量。

I_{CBO}的大小标志着集电结的质量，它越小越好。小功率锗管的 I_{CBO}约为 10 μA 左右，而硅管的 I_{CBO}通常小于 1 μA。

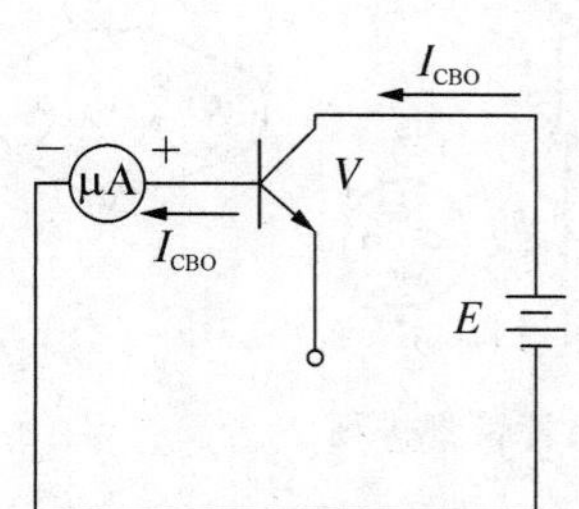

图 2-1-14　I_{CBO}的测量

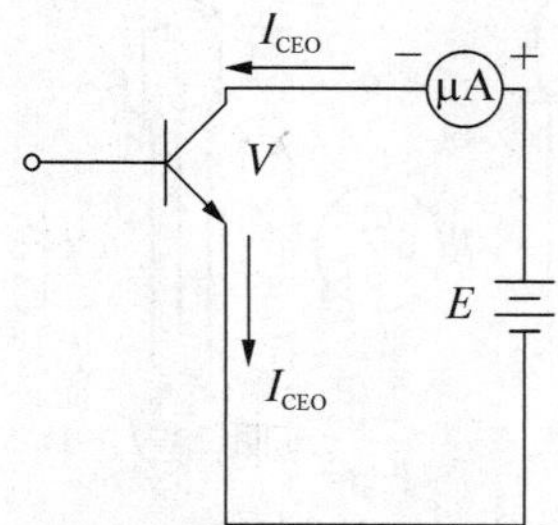

图 2-1-15　I_{CEO}的测量

(2) 集—射反向饱和电流 I_{CEO}　I_{CEO}是指三极管基极开路($I_B=0$)，在 C、E 间外加集电结的反偏电压时所形成的饱和电流，它又称为穿透电流。I_{CEO}可用图 2-1-15 所示电路进行测量。

同时，由前面所学知识可知：$I_C = \beta I_B + (1+\beta) I_{CBO}$。那么当 $I_B = 0$ 时，则有 $I_{CEO} = (1+\beta) I_{CBO}$。

由于 I_{CEO}远大于 I_{CBO}，测量起来比较容易，所以通常用 I_{CEO}作为衡量管子质量的重要依据。

I_{CEO}、I_{CBO}都是随温度升高而增加的，而且由于 β 也随温度升高而增大，所以 I_{CEO}受温度影响更明显。I_{CEO}大的管子热稳定性差。

3. 极限参数 I_{CM}、$U_{(BR)CEO}$和 P_{CM}

(1) 集电极最大允许电流 I_{CM}　I_{CM}是指三极管的 β 值下降不超过允许范围(对于三极管，随着 I_C上升至一定值以后，β 将显著下降)时的集电极最大电流。

当 $I_C > I_{CM}$时，管子性能明显变差，甚至有可能烧毁管子。

(2) 集—射反向击穿电压 $U_{(BR)CEO}$　$U_{(BR)CEO}$是指基极开路($I_B=0$)，造成集电结反向击穿时所加的 C、E 间电压。

三极管使用时，要求 $U_{CE} < U_{(BR)CEO}$。

(3) 集电极最大耗散功率 P_{CM}　P_{CM}是指集电结上所允许的功率损耗最大值。

三极管的集电极耗散功率(又称管耗) $P_C = I_C U_{CE}$，当 $P_C > P_{CM}$ 时，管子会因过热而烧毁。这一点，在使用时尤需注意！

综上所述，三极管的安全工作区由以下三个极限参数所划定：I_{CM}、$U_{(BR)CEO}$和P_{CM}。使用时，要求：$I_C < I_{CM}$，$U_{CE} < U_{(BR)CEO}$，$P_C < P_{CM}$。

(五) 三极管的简易测试

三极管的性能测试，可用专用电子仪器——晶体管特性图示仪。以下所介绍的方法，是通过万用表来完成对三极管的简易测试。

1. 管脚及管型的判别

三极管不同的封装外形，其管脚排列是有一定规律的。图 2-1-16 所示，是几种典型的三极管管脚排列情况。

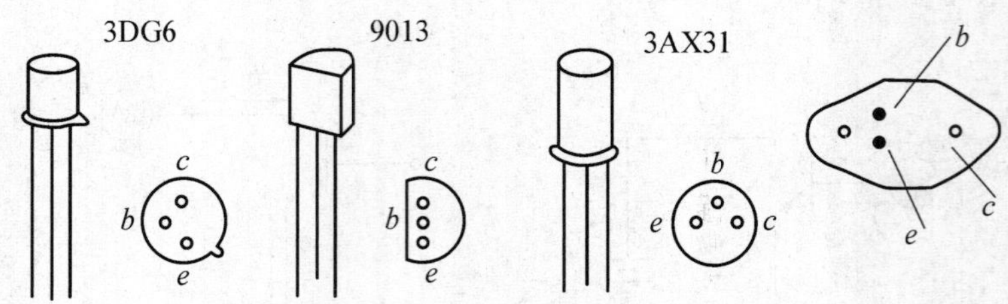

图 2-1-16　典型的三极管管脚排列

若不知道管脚的排列规律，可通过万用表的欧姆挡测试来判别。次序是：先判别出基极，同时得到管型；再判别集电极和发射极。

(1) 基极的判别与管型的确定　用万用表的欧姆挡（测小功率管选 $R\times1$ k 挡；测大功率管选 $R\times1$ 或 $R\times10$ 挡）判别管子的基极，其判别原理在于 PN 结的单向导电性（正向电阻远小于反向电阻）。将三个管脚分别作为假设的基极，进行下述测试与判断。

先用黑表笔搭接第一个假设基极、红表笔分别搭接另两极，若两次测试时的指针偏转角均较大（正向电阻小），则黑表笔所接为基极且管型为 NPN。若指针偏转情况不是这样，再试第二、第三个假设基极。三个假设基极全部试完，指针偏转仍不符合要求，则说明该管为 PNP 型管，基区为 N 区。再用红表笔搭接假设基极，黑表笔分别搭接另两极，当指针偏转符合要求时，红表笔所接为基极。

(2) 集电极与发射极的判别　在明确了管型和基极之后，再用测放大倍数的方法来判别管子的集电极和发射极。图 2-1-17(a)、(b)所示的两个电路中，NPN 型管与 PNP 型管都工作于放大状态（发射结正偏、集电结反偏），集电极电流较大，万用表指针偏转角较大。若对调各图中的两只表笔，则指针偏转角较小。这样，对于确定管型的三极管，将剩下的两个管脚先后假设为集电极，在基极与假设集电极之间介入人体电阻，用欧姆挡测试。然后根据两次测试下的指针偏转角大小，判别出实际的集电极和发射极。

人体电阻的介入方法是：将手指蘸湿，捏在基极与假设集电极之间。

2. 材料判别

在判别出三极管的管型和各管脚名称之后，通过测量 PN 结的正向导通电压（硅管约

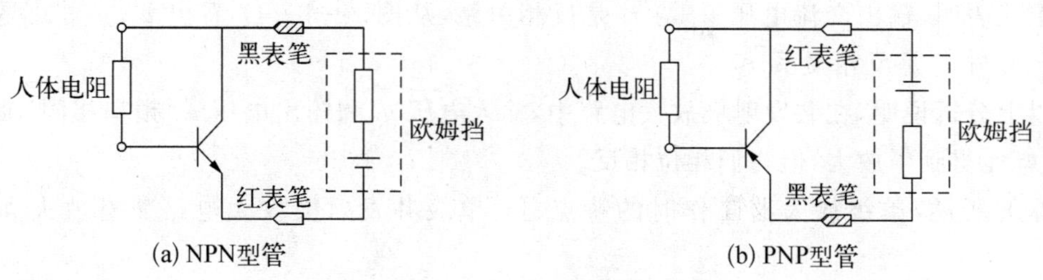

图 2-1-17 集电极与发射极的判别

为 0.7 V,锗管约为 0.3 V)或 PN 结的正向电阻(锗管的正向直流电阻为几百欧以上,硅管在几千欧以上),可判别出管子材料类别。

(六) 固定偏置共射放大电路的工作原理

当图 2-1-2 的共发射极电路放大器输入端加上交流信号电压 u_i[图 2-1-18(a)]时,则该电压通过电容 C_1 送到三极管的基极 b 与发射极 e 之间,引起基极电流的变化。这时基极总电流 $i_B = i_b + I_{BQ}$,如图 2-1-18(b)所示。

由于基极电流对集电极电流的控制作用,基极电流的变化将使集电极电流在静态值 I_{CQ} 的基础上跟着变化,如图 2-1-18(c)所示。可见,集电极电流也是 I_{CQ} 和 i_C 两个电流的合成,即 $i_C = i_C + I_{CQ}$。

同样,集电极与发射极电压也是静态电压 U_{CEQ} 和交流电压 u_{CE} 两部分合成,即 $u_{CE} = U_{CEQ} + u_{ce}$。

由于集电极电流 i_C 流过电阻 R_C 时,在 R_C 上产生电压降 $i_C R_C$,则集电极与发射极间总的电压(直流成分和交流成分合成)应为:

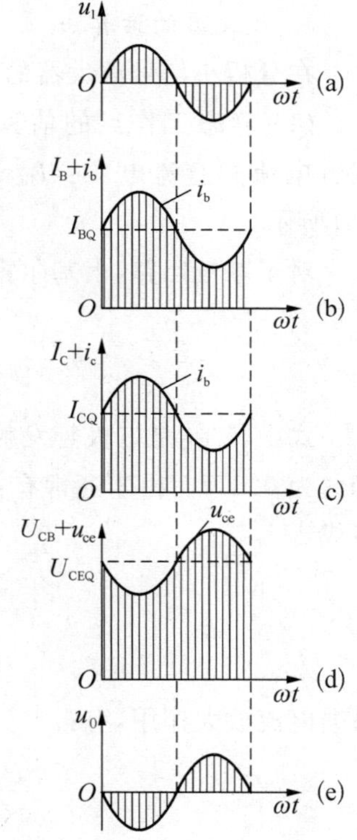

图 2-1-18 放大器各处电压、电流波形

$$
\begin{aligned}
U_{CE} &= U_G - i_C R_C = U_G - (I_{CQ} + i_c) R_c \\
&= U_G - I_{CQ} R_c - i_c R_c \\
&= U_{CEQ} - i_c R_c
\end{aligned}
$$

所以:

$$U_{CE} = - i_c R_c$$

式中符号表示 i_c 增加时 u_{ce} 将减小,也就是 u_{ce} 与 i_c 反相。故 $u_{CE} = U_{CEQ} + u_{ce}$ 的波形如图 2-1-18(d)所示。

耦合电容 C_2 起隔直流、通交流的作用,仅通过交流成分 u_{ce},在放大器输出端可获得放大后的输出电压 u_0,如图 2-1-18(e)所示。且:

$$u_0 = u_{ce} = - i_c R_c$$

上式表明，输出交流电压 u_o 与 i_c 是反相关系，从图 2-1-17 看出 u_i、i_b、i_c 是同相的，而 u_o 与 u_i 是反相关系。

以上分析说明，在共发射极放大电路中，输入电压 u_i 和输出电压 u_o 频率相同，波形相似，而幅度得到了放大，但它们相位相反。

综上所述，单级放大器工作时的特点是：单级共发射极放大电路兼有放大和反相作用。

二、固定偏置共射放大电路的分析方法

1. 放大器的估算法

在分析小信号放大器的工作状况时，常用估算法。

(1) 静态工作点的估算　估算放大电路的静态工作点 Q，即静态时电路中各处的直流电流和直流电压：I_{BQ}、I_{CQ}、U_{CEQ}。需借助于放大电路的直流通路，如图 2-1-3(b)所示。

对于基极回路，由基尔霍夫电压定律可知：

$$I_{BQ}=\frac{U_{CC}-U_{BEQ}}{R_b}$$

式中，U_{BEQ} 是三极管发射结的正向压降，其值基本上是确定的，即硅管约为 0.7 V，锗管约为 0.3 V。由于通常有：$U_{CC}\gg U_{BEQ}$，因此，在估算 I_{BQ} 时可忽略 V_{BEQ} 的影响，上式可写成：

$$I_{BQ}\approx\frac{U_{CC}}{R_b}$$

根据电流放大作用，有：

$$I_{CQ}=\beta I_{BQ}$$

对于集电极回路，由基尔霍夫电压定律可知：

$$U_{CEQ}=U_{CC}-I_{CQ}R_C$$

(2) 输入电阻和输出电阻的估算

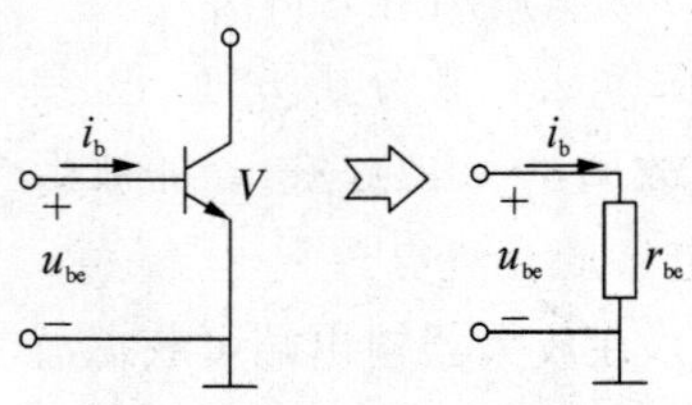

图 2-1-19　三极管输入电阻

① 三极管输入电阻 r_{be} 的估算公式：三极管的发射结在正向导通时等效为一个电阻，称为三极管的输入电阻，用 r_{be} 表示，如图 2-1-19 所示。

$$r_{be}=\frac{u_i}{i_b}$$

近似计算式为：

$$r_{be}=r_b+(1+\beta)\frac{26(\text{mV})}{I_{EQ}(\text{mA})}$$

通常小功率管取 300 Ω(大功率管取 50 Ω)。

则：
$$r_{be}=300\ \Omega+(1+\beta)\frac{26(\text{mV})}{I_{EQ}(\text{mA})}=300\ \Omega+\frac{26(\text{mV})}{I_{EQ}(\text{mA})}$$

② 放大器的输入电阻 r_i 和输出电阻 r_0：从放大器的输入端看进去的交流等效电阻 r_i 称为放大器的输入电阻：

$$r_i=\frac{u_i}{i_i}$$

由于三极管的集电结反偏，对输入端来说可视作开路，这样可不考虑 R_c 的影响，从图 2-1-3(c)交流通路图可看出放大器的输入电阻应为 R_b 和 r_{be} 的并联值，即：

$$r_i=R_b\ /\!/\ r_{be}$$

一般 $R_b \gg r_{be}$，所以 $r_i \approx r_{be}$。

从放大器输出端(不包括外接负载电阻 R_L)看进去的交流等效电阻，因三极管输出动态电阻很大，所以输出电阻近似等于集电极电阻，即：

$$r_o=R_c$$

(3) 放大器放大倍数的估算

根据电压放大倍数：
$$A_v=\frac{u_o}{u_i}\approx\frac{-i_c(R_C\parallel R_L)}{i_b r_{be}}=\frac{-\beta i_b R'_L}{i_b r_{be}}=-\beta\frac{R'_L}{r_{be}}$$

若输出端不带负载：
$$A'_v=\frac{u_o}{u_i}\approx\frac{-i_c R_C}{i_b r_{be}}=\frac{-\beta i_b R_C}{i_b r_{be}}=-\beta\frac{R_C}{r_{be}}$$

上式中负号表示输出电压与输入电压反相。

2. 放大器的图解法

为了进一步理解静态工作点对放大器性能的影响，需要采用另一种分析方法，即图解法。

运用晶体管特性曲线，通过作图的方法来分析放大电路的方法叫做图解分析法。

下面以图 2-1-20(a)所示共射基本放大电路为例介绍图解法。为分析方便，设图 2-1-20(a)中各元件参数值分别为 $U_{CC}=12$ V，$R_B=300$ kΩ，$R_C=4$ kΩ，$R_L=4$ kΩ。

(1) 静态工作情况分析　无输入信号时，电路中三极管各电极的直流电压和电流值称为静态工作点或 Q 点。

① 近似估算 Q 点：如图 2-1-19(a)所示，静态时有 $u_{BE}=U_{BE}$，$i_B=I_B$，$i_C=I_C$，$u_{CE}=U_{CE}$。

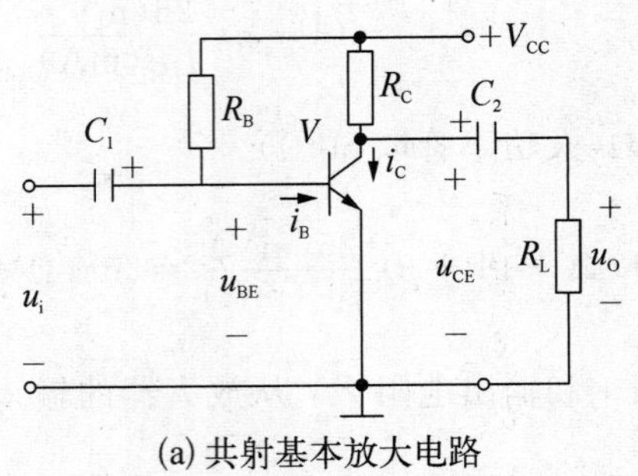

(a) 共射基本放大电路

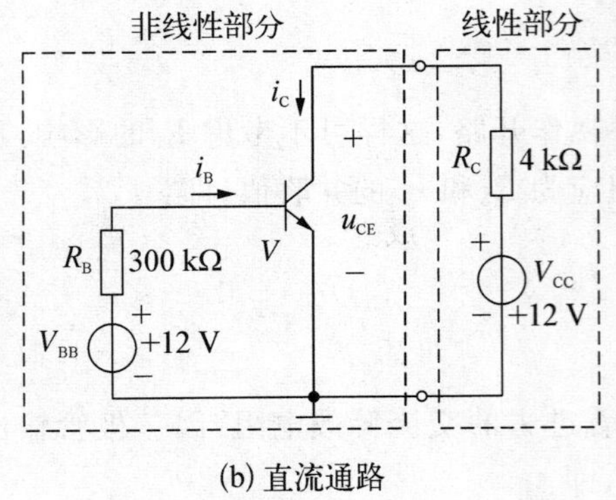

(b) 直流通路

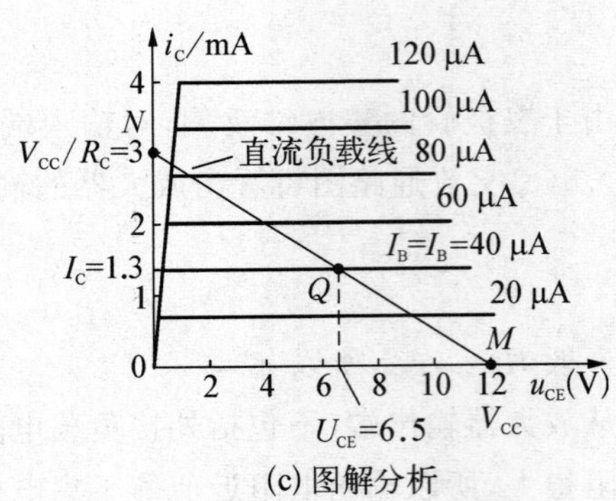

(c) 图解分析

图 2-1-20　放大电路的静态工作图解

U_{BE}基本不变(硅管约为 0.7 V,锗管约为 0.3 V),且有:

$$I_B = \frac{U_{CC} - U_{BE}}{R_B}$$

$$I_C = \beta I_B$$

$$U_{CE} = U_{CC} - I_C R_C$$

② 用图解法确定 Q 点:参见图 2-1-20(b)。首先将电路分为非线性和线性两个部分。其中,非线性部分包括非线性器件三极管 V 和确定其基极电流的 V_{BB}和 R_B;线性部分包括 V_{CC}和 R_C的串联电路。这两部分电路在它们相连接的端口具有相同的电流 i_C和电压 u_{CE},因此可在同一坐标系内作出这两部分电路的 i_C- u_{CE}关系曲线。

非线性部分的三极管 V 的 i_C- u_{CE}关系曲线即输出特性曲线如图 2-1-20(c)所示。其参变量 i_B($i_B = I_B$)可由下式确定:

$$I_B = \frac{U_{CC} - U_{BE}}{R_B} \approx \frac{U_{CC}}{R_B} = \frac{12}{300} 40 \times 10^{-3}\ \text{mA} = 40\ \mu\text{A}$$

在三极管的输出特性曲线上可找到一条对应于 i_B=40 μA 的曲线,如图 2-1-20(c)所示。

而线性部分的 i_C- u_{CE} 关系曲线则由下列线性方程所确定：

$$u_{CE} = U_{CC} - i_C R_C$$

上式表示线性部分的 i_C- u_{CE} 关系曲线为一条直线，该直线与两个坐标轴的交点分别为 $M(V_{CC},\ 0)$，$N(0,\ V_{CC}/R_C)$，根据给定的电路参数，实际交点应为 M(12 V, 0 mA)和 N(0 V, 3 mA)，其斜率为$(-1/R_C)$，由集电极电阻 R_C 确定。

由于直线 MN 是在静态情况下得到的，因此该直线 MN 称为直流负载线。

由图 2－1－20(c)可见，直线 MN 与三极管对应于 $i_B=40\ \mu A$ 的输出特性曲线有一交点 Q，该点即为静态工作点。由 Q 点的坐标可读出：$I_B=40\ \mu A$，$I_C=1.3$ mA，$U_{CE}=6.5$ V。Q 点确定之后，就可以在此基础上进行动态分析。

(2) 动态工作情况分析

① 交流负载线：在输入交流信号情况下，放大电路处于动态工作情况。由于耦合电容 C_1、C_2 对交流可看成短路，而直流电源 V_{CC} 对交流则可看成直接短路接地，因此可画出图 2－1－21(a)所示放大电路的交流通路图，图中，$R'_L = R_L \mathbin{/\!/} R_C = 2\ k\Omega$，称为交流等效负载。

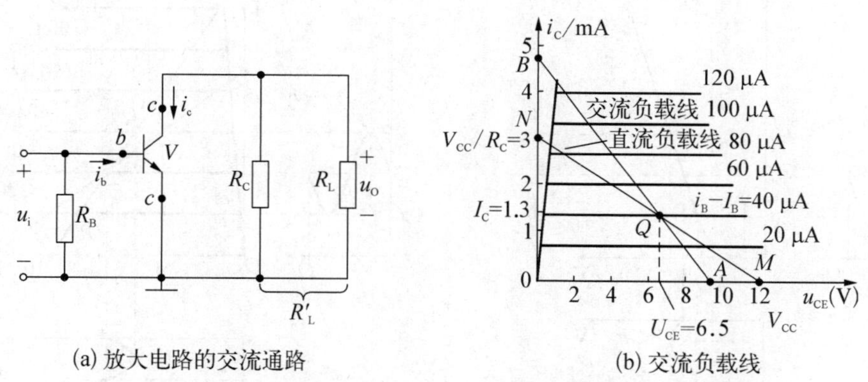

(a) 放大电路的交流通路　　(b) 交流负载线

图 2－1－21　放大电路的交流通路和交流负载线

由图 2－1－21(a)可知：

$$u_{ce} = -\ i_c R'_L$$

而 $u_{ce} = u_{CE} - U_{CE}$，$i_c = i_C - I_C$，代入上式可得：

$$u_{CE} - U_{CE} = -\ (i_C - I_C) R'_L$$

上式表明，动态时 i_C 与 u_{CE} 的关系仍为一直线，该直线的斜率为$(-1/R'_L)$，它由交流负载电阻 R_L' 决定，因此称为交流负载线，如图 2－1－21(b)所示。显然，这条直线通过工作点 $Q(U_{CE},\ I_C)$。

由此可得到交流负载线与两坐标轴的交点：$A(U_{CE}+I_C R'_L,\ 0)$，$B(0,\ I_C+U_{CE}/R'_L)$。根据图 2－1－20(a)所示电路所给的实际元件参数，通过计算可得 A 点坐标为(9.1 V,

0 mA)，B 点坐标为(0 V, 4.55 mA)，这与直接从图 2-1-21(b)中读出的数据基本吻合。在 Q 点确定的情况下，只要求出 A 点或 B 点中的一个，由 A 点或 B 点通过 Q 点作直线并延长到 B 点或 A 点即可得到交流负载线 AB。

② 电压和电流的波形：当放大电路输入端加上正弦信号 u_i 后，各极电流和电压都随着输入信号变化而变化，即在静态工作点的基础上叠加一正弦交流信号。通过图解观察放大电路输入和输出信号波形的变化，可以很直观地了解放大电路工作的整个动态过程，并从中得到放大电路的工作区域、失真情况及放大倍数等。

根据 u_i 在输入特性曲线上求 i_B。

如图 2-1-20(a)所示，设放大电路的输入信号电压 $u_i=0.02\sin \Omega t$(V)，由于耦合电容 C_1 对交流可看成短路，因此三极管 b-e 间的总电压在原有的直流电压 $U_{CE}=0.7$ V 的基础上叠加了一交流信号电压 u_i，即 $u_{BE}=U_{BE}+u_i=0.7+0.02\sin \Omega t$(V)，其波形如图 2-1-22(a)曲线①所示。由 u_{BE} 波形可在输入特性曲线上得到 i_B 的波形，如图 2-1-22(a)曲线②所示。

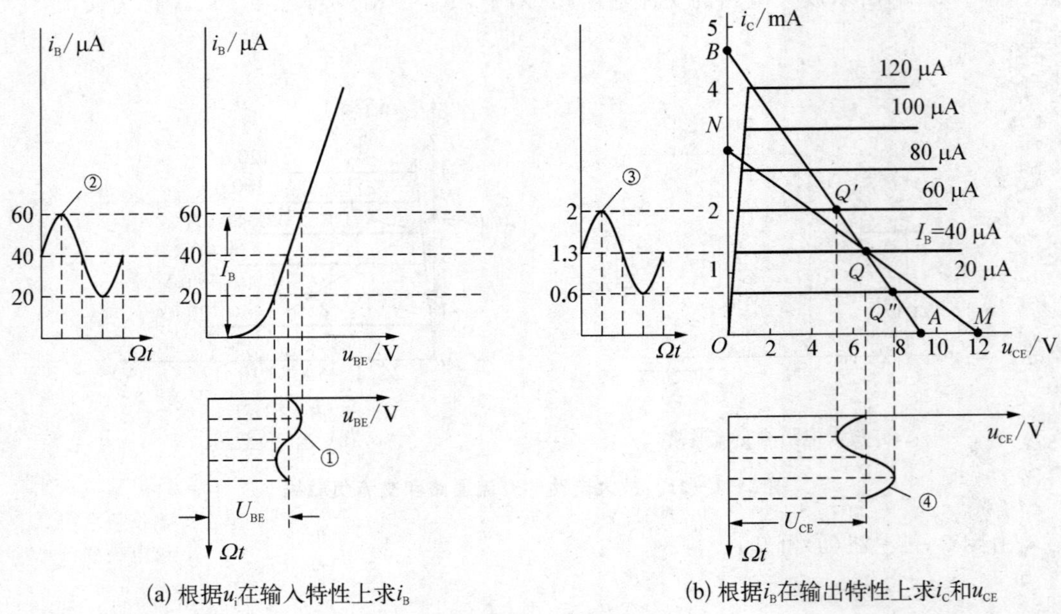

图 2-1-22　动态工作图解

由图 2-1-22 可见，对应于幅值为 0.02 V 的输入电压，i_B 将在 60 μA 至 20 μA(40±20 μA)之间变动，即 $i_B=40+20\sin \Omega t$(μA)。

根据 i_B 在输出特性上求 i_C 和 u_{CE}。

当 i_B 变动时，三极管对应的每一个相应的 i_B 输出特性曲线也随之变动，而交流负载线 AB 是不变的，因此交流负载线与输出特性曲线的交点将随 i_B 变化而变化。通常把这种交点 Q 称为动态工作点。

如图 2-1-22(b)所示，当 i_B 在 60 μA 至 20 μA 之间变动时，动态工作点将沿交流负

载线在 Q' 和 Q'' 之间移动。直线段 $Q'Q''$ 称为动态工作范围。

由动态工作点随 i_B 在直线段 $Q'Q''$ 之间变化的轨迹可得到对应的 i_C 和 u_{CE} 的波形。由图 2-1-22(b)可见，当 i_B 在 60 μA 至 20 μA 之间变动时，相应地，i_C 在 2.0 mA 至 0.6 mA（1.3 mA±0.7 mA）之间变动，其变化规律与 i_B 相同，如图2-1-22(b) 中曲线③所示；u_{CE} 在5.3 V 至 7.7 V（6.5 V±1.2 V）之间变动，其变化规律与 i_B 或 i_C 正好相反，如图2-1-22(b) 中曲线④所示。因此可得：

$$i_C = 1.3 + 0.7\sin \Omega t\,(\text{mA})$$

$$u_{CE} = 6.5 - 1.2\sin \Omega t\,(\text{V})$$

$$u_o = -1.2\sin \Omega t\ (\text{V})$$

则可得放大器的电压放大倍数为：

$$A_u = \frac{u_o}{u_i} = \frac{-1.2}{0.02} = -60$$

A_u 为负值，说明输出信号电压和输入信号电压反相。

以上讨论的就是共射基本放大电路各点电压和电流的波形，如图 2-1-23 所示。

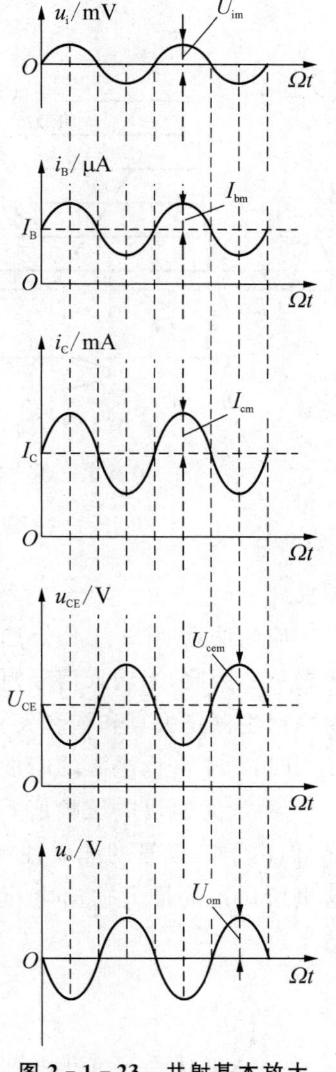

图 2-1-23　共射基本放大电路各点电压和电流的波形

③ 静态工作点对波形的影响：在放大电路中，交流信号的放大是建立在三极管具有一个合适的直流工作点的基础上的，如果工作点 Q 选择不当，则三极管的动态工作点可能会进入饱和区或截止区，将产生严重失真，因此，静态工作点的选择是十分重要的。

如图 2-1-24(a)所示，由于工作点 Q 偏低，在输入信号电压 u_i 为正弦波的情况下，其负半周的一部分所对应的动态工作点进入截止区，i_b 的负半周被削去一部分。相应地，i_c 的负半周和 u_{ce} 的正半周也被削去了一部分，即产生了严重的失真。这种由于三极管在部分动态工作时间内进入截止区而引起的失真称为截止失真。

如图 2-1-24(b)所示，由于工作点 Q 偏高，在输入信号电压 u_i 为正弦波的情况下，其正半周的一部分所对应的动态工作点进入饱和区，其结果是导致 i_c 的正半周和 u_{ce} 的负半周也被削去了一部分，即产生了严重的失真。这种由于三极管在部分动态工作时间内进入饱和区而引起的失真称为饱和失真。

不难理解，对于 NPN 管组成的电路，如果输出电压波形产生了顶部失真，则为截止失真；如果产生了底部失真，则为饱和失真。而对于 PNP 管组成的电路，则与上述情况正好

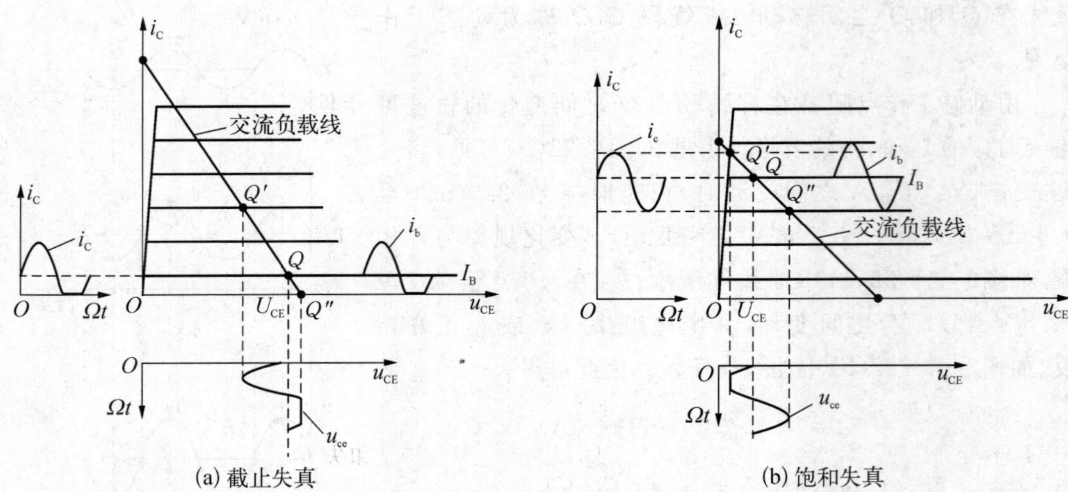

(a) 截止失真　　　　(b) 饱和失真

图 2-1-24　工作点选择不当引起的失真

相反。

应当注意，除了工作点选择不当会产生失真外，输入信号幅度过大也是产生失真的因素之一。因此，当输入信号幅度较大时，可将 Q 点选择在交流负载线的中点，这样可同时避免产生截止失真和饱和失真，但条件仍然是输入信号幅度不能过大。当输入信号幅度较小时，为了降低电源的能量消耗，则可将 Q 点选得低一些。

④ 最大输出电压幅值 U_{omax}：在理论上，最大输出电压幅值 U_{omax} 是指不失真时的情况，但由于三极管的非线性特性，即使在放大区一定程度的失真也是不可避免的，因此这里所讨论的最大输出电压幅值是指在不产生截止失真和饱和失真的情况下得到的结果。

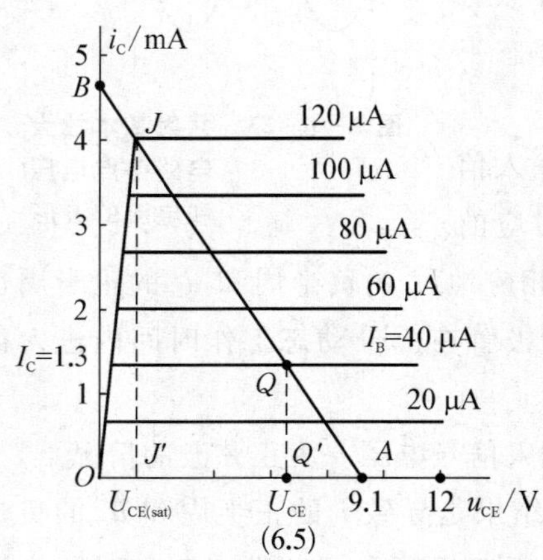

图 2-1-25　放大电路的最大输出电压幅值

在 Q 点已确定的情况下，最大输出电压幅值 U_{omax} 可由输出特性曲线和交流负载线求得，如图 2-1-25 所示。图中，交流负载线 AB 与临界饱和线的交点为 J，则动态工作范围为 AJ。设 Q、J 在横轴上的投影分别为 Q'、J'，忽略穿透电流，则最大输出电压幅值就是 $J'Q'$ 和 $Q'A$ 中较小的数值。显然，在该图中 $Q'A$ 较小，因此 $U_{omax}=9.1\text{ V}-6.5\text{ V}=2.6\text{ V}$。

U_{omax} 也可以通过计算得到。由于 $J'Q'=U_{CE}-U_{CES}$，$Q'A=I_CR'_L$，因此：

$$U_{omax}=\min[J'Q',Q'A]=\min[U_{CE}-U_{CES},I_CR'_L]$$

上式中，一般取 $U_{CES}=0.3\text{ V}$。

不难理解，当 Q 位于交流负载线在放大区的直线段 AJ 的中点时，U_{omax} 将达到最大值。

（3）电路参数改变对静态工作点的影响　当电路元器件参数给定后，放大电路的静态工作点是确定的，但当某些电路参数改变时，则放大电路的静态工作点将随之改变。

① 仅改变 R_B，其他参数不变：若 R_B 减小，则 I_B 增大，工作点 Q 将沿直流负载线向上即向饱和区移动，I_C 增大，U_{CE} 减小，有可能产生饱和失真；若 R_B 增大，则 I_B 减小，工作点将沿直流负载线向下即向截止区移动，I_C 减小，U_{CE} 增大，有可能产生截止失真。

② 仅改变 R_C，其他参数不变：若 R_C 减小，则直流负载线斜率绝对值变大即变陡峭，由于 I_B 不变，工作点 Q 将向右移动，I_C 不变，U_{CE} 增大，产生饱和失真的可能性减小，但交流输出幅度减小，即放大倍数减小；若 R_C 增大，则直流负载线斜率绝对值变小即陡峭程度下降，由于 I_B 不变，工作点 Q 将向左移动即向饱和区移动，I_C 不变，U_{CE} 减小，产生饱和失真的可能性增大，但交流输出幅度增大，即放大倍数增大。

③ 仅改变 V_{CC}，其他参数不变：若 V_{CC} 减小，则直流负载线整体向左移动，同时 I_B 也减小，工作点 Q 将沿直流负载线向左且同时向下移动，即同时向饱和区和截止区移动，I_C 减小，U_{CE} 减小，有可能产生饱和失真和截止失真；若 V_{CC} 增大，则直流负载线整体向右运动，同时 I_B 也增大，工作点将沿直流负载线向右且同时向上移动，I_C 增大，U_{CE} 增大，产生饱和失真和截止失真的可能性减小。

一般来说，通过改变 R_B 来改变静态工作点是较为方便的方法。

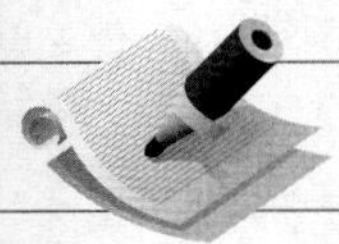

目标检测

一、简答题

1. 升压变压器与电压放大器都可以使交流电压得到增强，这两者的本质区别是什么？

2. 某放大器的输入信号与输出信号有效值分别为：$U_i=2\ \text{mV}$，$I_i=50\ \mu\text{A}$，$U_o=2\ \text{V}$，$I_o=5\ \text{mA}$，试求：(1) 放大器的放大倍数 A_u、A_i、A_P 及其对数表示值 G_u、G_i、G_P；(2) 放大器的输入电阻 R_i；(3) 若放大器空载下的输出电压有效值 $U_o'=2.5\ \text{V}$，则该放大器的输出电阻 R_o 是多少？

3. 从放大倍数 A 以及增益 G 上看，什么是功率放大器？什么是电压跟随器？什么是电流衰减器？

4. 放大器中为什么要有偏置电路？

5. 固定偏置共射电路中，$U_G=9\ \text{V}$，$R_B=300\ \text{k}\Omega$，$R_C=3\ \text{k}\Omega$，$R_L=2\ \text{k}\Omega$，$\beta=50$。(1) 画出直流通路，求解静态工作点 Q；(2) 画出交流通路，求三极管的等效负载 R_L'；(3) 求该电路的最大不失真输出电压的幅值 $U_{om(max)}$；(4) 如何调整静态工作点？R_B 调为多大？

任务二 制作与调试分压偏置共射放大电路

知识准备

一、固定偏置共射放大电路的缺点

前面已经分析过，要使放大器能正常工作，必须选择合适的静态工作点。但是三极管的特性受温度影响很大，当温度变化时，三极管的β、I_{CEO}、U_{BE}等参数都会随之改变，这样，原来设置的静态工作点就会发生变化，使放大器的性能变坏。β和I_{CEO}对温度的敏感，是造成三极管静态工作点不稳定的重要原因。因此，保证放大器工作点的稳定是放大电路一个十分重要的问题。

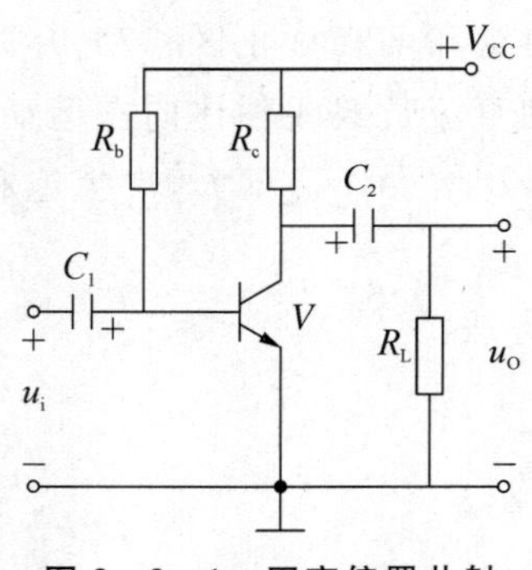

图 2-2-1 固定偏置共射放大电路

图 2-2-1 所示是具有固定偏置电路的放大器。静态基极电流 I_{BQ} 是通过偏置电阻 R_b 由电源 U_{cc} 提供的，当$U_{cc} \gg U_{BEQ}$ 时：

$$\frac{U_G - U_{BEQ}}{R_b} \approx \frac{U_G}{R_b}$$

只要U_{cc}和R_b为定值，I_{BQ}也就为定值，故称为固定偏置放大电路。前面讨论过：

$$I_{CQ} = \beta I_{BQ} + I_{CEO}$$

在温度升高时，I_{CEO}和β也要升高，而I_{BQ}是相对固定的，所以$\beta I_{BQ} + I_{CEO}$的值要增大，它表明I_{CQ}随温度的升高而增大。可见，电路的静态工作点是不稳定的。因此，这种固定偏置共射放大电路，只能用在环境温度变化不大、要求不高的场合。

二、分压偏置共射放大电路

一种能自动稳定工作点的偏置电路如图 2-2-2 所示，该电路称为分压式偏置共射放大电路。分压式偏置共射放大电路是目前应用最广泛的一种偏置电路。

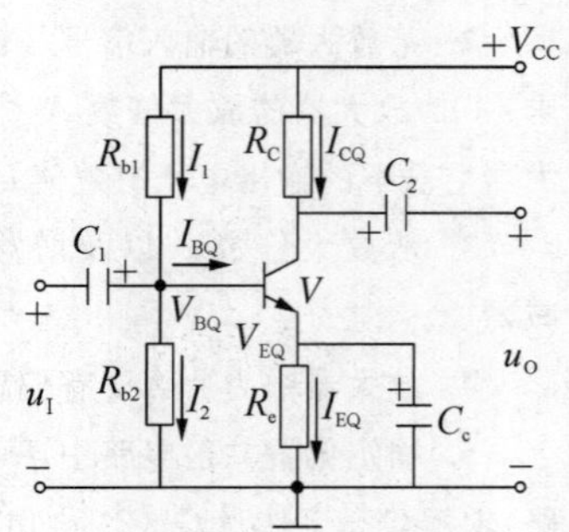

图 2-2-2 分压式偏置共射放大电路

如图 2-2-2 所示，分压式偏置电路与固定式偏置电路的主要不同点在于三极管的发射极接入了电阻R_e，同时还在三极管的基极接入了一个起辅助作用的电阻R_{b2}。通常称R_e为发射极偏置电阻，R_{b1}和R_{b2}为基极上偏置电阻和下偏置电阻。

参见图 2-2-2，发射极电阻 R_e 是问题的关键。由于 R_e 折合到基极回路的电阻为 $(1+\beta)R_e$，一般很大（R_e 并不大），而在该电路中，一般总是满足 $(1+\beta)R_e \gg R_{b1}$、R_{b2} 的条件，因此有：

$$I_1 \gg I_{BQ},\ I_2 \gg I_{BQ},\ I_1 \approx I_2$$

即对基极偏置电路来说，可忽略 I_{BQ} 而将 R_{b1} 和 R_{b2} 直接看成是串联的。由于电阻的特性相对来说是非常稳定的，因此可得到稳定的基极电压即 R_{b1} 和 R_{b2} 串联电路中 U_{cc} 在 R_{b2} 上的分压 V_{BQ}：

$$U_{BQ} = \frac{R_{b2}U_G}{R_{b1} + R_{b2}}$$

而：

$$I_{CQ} \approx I_{EQ} = \frac{U_{BQ} - U_{BEQ}}{R_e}(U_{BQ} \gg U_{BEQ}\text{ 时})$$

由上式可见，I_{EQ} 和 I_{CQ} 均为稳定的。

综上所述，分压式偏置电路的稳定条件为 $(1+\beta)R_e \gg R_{b1}$、$(1+\beta)R_e \gg R_{b2}$ 和 $U_{BQ} \gg U_{BEQ}$。实际上，根据戴维南定理，把 U_{cc}、R_{b1} 和 R_{b2} 在基极等效为带内阻的直流电压源，可以证明 $(1+\beta)R_e \gg R_{b1}$、$(1+\beta)R_e \gg R_{b2}$ 的条件可以修正为 $(1+\beta)R_e \gg (R_{b1} // R_{b2})$。一般可选取：

$$\beta R_e > 10(R_{b1} // R_{b2})$$

$$U_{BQ} = (5 \sim 10)U_{BEQ}$$

上面两个式子是稳定条件是否满足的判断依据。

任务实施

一、任务布置

以下任务，是针对阻容耦合的分压式偏置共射放大器，完成电路的制作、静态工作点的调整以及动态性能指标的测试。

二、任务目标

(1) 增强专业意识，培养良好的职业道德和职业习惯。

(2) 熟悉分压式偏置共射放大器的组成，并理解其工作原理。

(3) 会使用直流稳压电源、示波器、函数信号发生器以及晶体管毫伏表。

(4) 能完成分压式偏置共射放大器的制作。

(5) 会进行静态工作点的调整与动态性能指标的测试。

三、认识电路

电路如图 2-2-3 所示，为阻容耦合的分压式偏置共射放大电路。

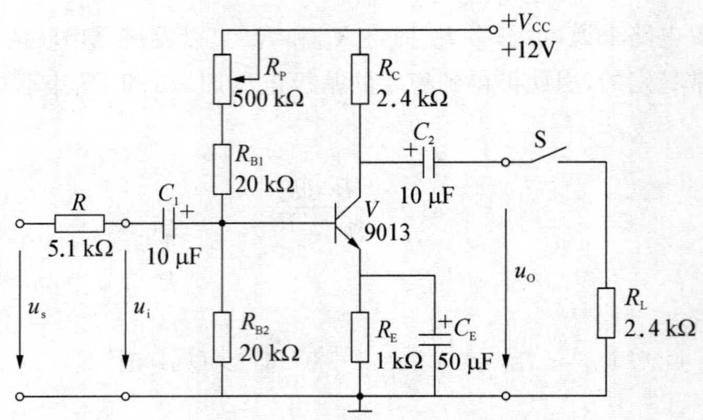

图 2-2-3　分压式偏置共射放大器的电路图

四、电路制作

1. 元件清单(表 2-2-1)

表 2-2-1　元件清单

元器件名称	规　格	数　量
电位器 R_P	500 kΩ	1个
电阻 R_{B1}、R_{B2}	20 kΩ	2个
电阻 R_L、R_C	2.4 kΩ	2个
电阻 R	5.1 kΩ	1个
电阻 R_E	1 kΩ	1个
电容 C_1、C_2	10 μF/16 V	2个
电容 C_E	50 μF/16 V	1个
三极管 V	9013	1个
通用面包板		1块

2. 元件检测

识别与检测元器件。若有元器件损坏，请说明情况。

3. 制作要求

(1) 要按工艺要求装接电路。

(2) 电解电容的极性不能接错，以免造成电容器的损坏。

(3) 电路装接好之后才可接通电源。

(4) 进行性能指标测试时，一定要注意测试条件。

五、电路测试

1. 测试设备

通用面包板 1 块、双踪示波器 1 台、直流稳压电源 1 台、万用表 1 只、低频信号发生器 1 台、晶体管毫伏表 1 只。

2. 静态工作点的调整与测试

(1) 静态工作点 Q 的调整　合上 S，接入负载。接通 +12 V 直流电源，在 B 点加入 $f=1$ kHz 的正弦信号 u_i，用示波器监测 u_o 波形。反复调整 R_P 及信号源的输出幅度，使放大器输出电压的不失真幅值最大。观测 u_o 波形，得 $U_{om(max)}=$________。

(2) 静态工作点 Q 的测试　取走信号源，用万用表直流电压挡测量三极管各极对地电压，填入表 2-2-2；计算 U_{BEQ}、U_{CEQ} 及 I_{EQ} 值，填入表 2-2-2。

表 2-2-2　共射放大器的静态工作点 Q 测试数据表

U_{EQ}(V)	U_{BQ}(V)	U_{CQ}(V)	U_{BEQ}(V)	U_{CEQ}(V)	I_{EQ}(mA)

3. 性能指标的测试

保持 R_P 不变，以使电路有良好的动态范围。

(1) 电压放大倍数 A_u 的测试　S 断开和闭合两种情况下，在 B 点加入 $f=1$ kHz 的正弦信号 u_i，用示波器监测 u_o 波形。逐渐调大 U_i，在输出最大不失真信号下，用毫伏表测 U_i 和 U_o 值，记入表 2-2-3；计算 A_u，填入表 2-2-3。

表 2-2-3　电压放大倍数测试数据表

输入信号频率	S 是否闭合	U_i(mV)	U_o(mV)	$A_u=U_o/U_i$
1 kHz	未闭合			
	已闭合			

(2) 输出电阻 R_O 的测试　在 B 点加入 $f=1$ kHz 的正弦信号 u_i，用示波器监测 u_o 波形。断开 S，电路空载。逐渐调大 U_i，在输出最大不失真信号下，用毫伏表测量空载输出电压 U_o'，记入表 2-1-4；然后，闭合 S，接入负载，用毫伏表测量电路负载下的输出电压 U_o，记入表 2-1-4；最后，计算 R_o，填入表 2-2-4。

表 2-2-4 测 R_o 的数据表(f=1 kHz)

空载输出电压 U_o'(V)	负载输出电压 U_o(V)	$R_o=\left(\frac{U_o'}{U_o}-1\right)R_L$ (Ω)

(3) 输入电阻 R_i 的测试　S闭合，接入负载。在 A 点加入 f=1 kHz 的正弦信号 u_s，用示波器监测 u_o 波形。逐渐调大 U_S，在输出最大不失真信号下，用毫伏表测量 U_S 和 U_i 值，记入表 2-2-5；计算 R_i，填入表 2-2-5。

表 2-2-5 测 R_i 的数据表(f=1 kHz)

U_S(V)	U_i(V)	$R_i=\frac{U_i}{U_S-U_i}R$ (kΩ)

六、任务考核(表 2-2-6)

表 2-2-6 共射放大器的制作与测试考核表

项　目	内　容	配分	考核要求	扣分标准	得分
实训态度	1. 实训的积极性； 2. 安全操作规程的遵守情况； 3. 纪律遵守情况	30 分	积极参加实训，遵守安全操作规程和劳动纪律，有良好的职业道德和敬业精神	违反安全操作规程扣 30 分，其余不达要求酌情扣分	
元器件的识别与检测	1. 元器件识别； 2. 元器件检测	10 分	能正确识别元器件；会用万用表检测元器件	不能识别元器件，每个扣 1 分；不会检测元器件，每个扣 1 分	
电路的制作	1. 画出电路装配图； 2. 按装配图装接	15 分	装配图布局合理；电路装接符合工艺规范；走线美观	电路装接不规范，每处扣 1 分；电路接错，每处扣 5 分；装配图不合理、走线不美观，酌情扣分	
静态工作点的调整与测试	1. 静态工作点 Q 的调整； 2. 静态工作点 Q 的测试	15 分	仪器、仪表使用正确；能正确进行静态工作点的调整与测试	仪器、仪表使用错误，每次扣 2 分；Q 点调整错误，扣 5 分；数据记录、处理错误，每次扣 1 分	
性能指标的测试	1. A_u 的测试； 2. R_o 的测试； 3. R_i 的测试	30 分	能按要求进行 A_u、R_o、R_i 的测试	数据记录错误，每次扣 2 分；数据处理错误，每次扣 5 分	
合计		100 分			
注：各项配分扣完为止					

七、任务思考

(1) 如果取走图 2-2-3 中的旁路电容 C_E，会怎样？试一试，看结果。

(2) 查阅相关资料，获取三极管 9013 的技术参数。

(3) 用万用表的直流电压挡测量耦合电容 C_1、C_2 静态与动态下的端电压（注意极性）。你会发现什么现象？为什么会这样？

(4) 如果断开电阻 R'_B，电路的工作情况会怎样？验证一下，看是否是这样。

知识拓展

一、分压偏置共射放大电路的工作原理

温度变化时，三极管的 I_{CBO}、β、U_{BEQ}等参数将发生变化，导致静态工作点偏移。实验证明：温度升高时，三极管的穿透电流 $I_{CEO}=(1+\beta)I_{CBO}$和 β 将增加，从而使 I_{CQ}增大。分压式偏置电路能使 I_{CQ}的增大受到抑制，自动稳定工作点。

若温度升高使 I_{CQ}增大，则 I_{EQ}也增大，发射极电位 $U_{EQ}=I_{EQ}R_{EQ}$也升高。由于 $U_{BEQ}=U_{BQ}-U_{EQ}$，且 U_{BQ}基本不变，U_{EQ}升高的结果使 U_{BEQ}减小，I_{BQ}也减小，于是抑制了 I_{CQ}的增大，其总的效果是使 I_{CQ}基本不变。其稳定过程可表示为：

$$T(温度)\uparrow \rightarrow I_{CQ}\uparrow \rightarrow I_{EQ}\uparrow \rightarrow U_{EQ}\uparrow$$

$$I_{CQ}\downarrow \leftarrow I_{EQ}\downarrow \leftarrow U_{BEQ}\downarrow$$

由此可见，温度升高引起 I_{CQ}的增大将被电路本身造成的 I_{CQ}减小所牵制。这就是反馈控制的原理。

实验证明，分压式稳定工作点偏置放大电路稳定静态工作点的效果好。这种电路中 R_e并联的旁路电容 C_e 的作用是提供交流信号的通路，减小信号放大过程中的损耗，使放大器的交流信号放大能力不致因 R_e的存在而降低。

二、分压偏置共射放大电路的分析方法

1. 静态工作点计算

计算静态工作点时，固定偏置电路是先算 I_{BQ}，再算 I_{CQ}，最后算 U_{CEQ}。分压式偏置电路则是先算 I_{CQ}，再算 I_{BQ}，最后算 U_{CEQ}。

在满足稳定条件的情况下，容易求出图 2-2-2 所示放大电路的静态工作点，有：

$$U_{BQ}=\frac{R_{b2}U_{cc}}{R_{b1}+R_{b2}}$$

$$I_{CQ} \approx I_{EQ} = \frac{U_{BQ} - U_{BEQ}}{R_e}$$

$$U_{CEQ} = U_{cc} - I_{CQ}R_C - I_{EQ}R_E \approx U_{cc} - I_{CQ}(R_C + R_E)$$

$$I_{BQ} = \frac{I_{CQ}}{\beta}$$

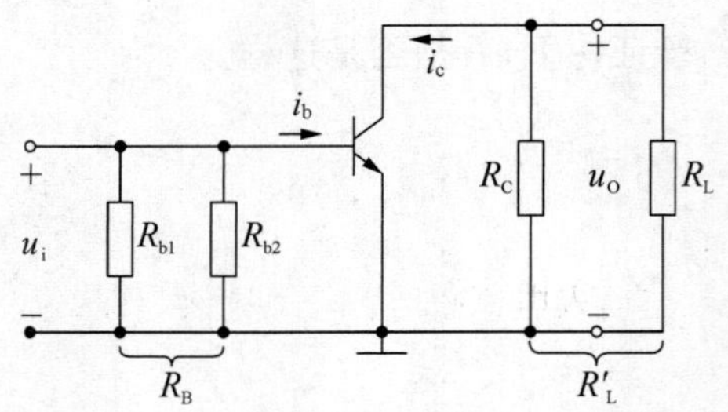

图 2-2-4　分压式偏置电路的交流通路

2. 动态分析

如图 2-2-4 所示是放大电路的交流通路。与固定偏置电路相比，不难看出，两者的交流通路基本相同，只是分压式偏置电路用 $R_{b1} \parallel R_{b2}$ 代替了固定偏置电路中的 R_b，所以前述计算 A_u、R_i、R_0 的公式完全适用于分压式偏置电路。

(1) 电压放大倍数 A_u

$$A_u = \frac{u_0}{u_i} = -\frac{\beta R_C}{r_{be}}(\text{空载})$$

$$A_u = \frac{u_0}{u_i} = -\frac{\beta R'_L}{r_{be}}(\text{有载，且 } R'_L = R_C \parallel R_L)$$

其中 r_{be} 为三极管的输入电阻，即：

$$r_{be} = r_{bb'} + (1+\beta)\frac{26\ \text{mV}}{I_E(\text{mA})}(\Omega)$$

一般来说，对小功率三极管 $r_{bb'} = 50\ \Omega$。

(2) 输入电阻 R_i　$R_i = R_{b1} \parallel R_{b2} \parallel r_{be}$。

(3) 输出电阻 R_o　$R_o \approx R_C$。

目标检测

一、简答题

1. 分压式偏置共射放大器如图 2-2-5 所示，已知：$U_{cc} = 12\ \text{V}$，$R_{B1} = 6\ \text{k}\Omega$，$R_{B2} = 3\ \text{k}\Omega$，$R_E = 3.3\ \text{k}\Omega$，$R_C = 4\ \text{k}\Omega$，$R_L = 6\ \text{k}\Omega$，三极管 $U_{BEQ} = 0.7\ \text{V}$，$\beta = 50$，耦合电容 C_1、C_2 和射极交流旁路电容 C_E 足够大。(1) 试求电路的静态工作点 Q(I_{BQ}、I_{CQ} 和 U_{CEQ})；(2) 求解放大器的性能指标 A_u、R_i、R_o；(3) 如何对该电路的静态工作点进行调整？

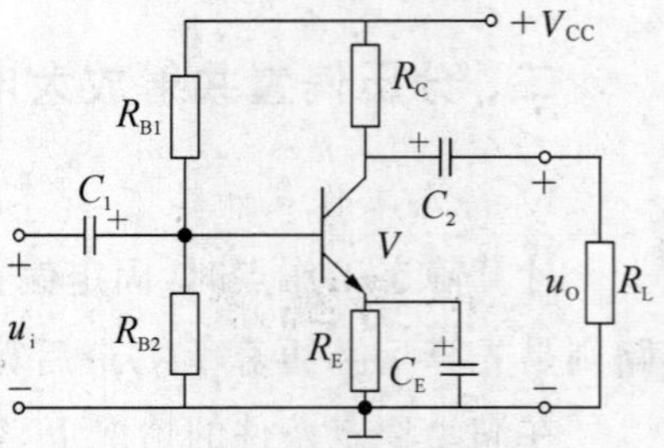

图 2-2-5　分压式偏置共射放大器

任务三　制作与调试共集放大电路

知识准备

一、信号电流放大

放大器电流放大倍数 A_i 是放大器输出电流瞬时值 i_o 与输入电流瞬时值 i_i 的比值。即：

$$A_i = \frac{i_o}{i_i}$$

若 $A_i > 1$，则说明放大器有信号电流放大作用。

二、共集放大电路

如图 2－3－1(a)所示为共集电极放大电路，也是一种基本放大电路，其交流通路如图 2－3－1(b)所示。由交流通路可见，负载电阻 R_L 接在发射极上，信号从发射极取出，因此该电路又称为射极输出器。另外，该电路输出信号从发射极和集电极两端之间得到，而输入信号从基极和集电极两端之间加入，显然集电极是输入和输出回路的公共端，即该电路为共集电路。

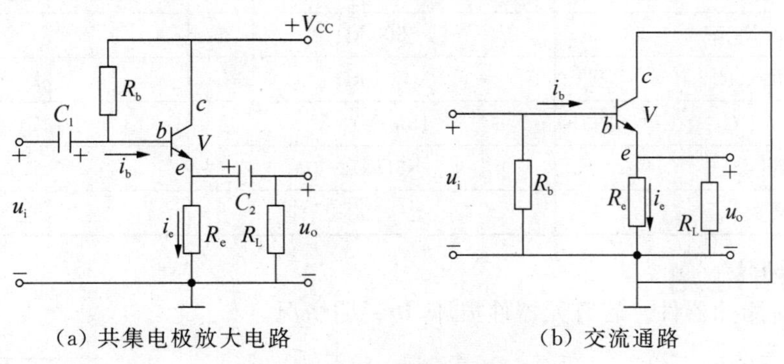

(a) 共集电极放大电路　　(b) 交流通路

图 2－3－1　共集放大电路

任务实施

一、任务布置

以下任务，是针对阻容耦合的共射输出器，完成电路的制作、静态工作点的调整以及动态性能指标的测试。

二、任务目标

(1) 增强专业意识,培养良好的职业道德和职业习惯。

(2) 熟悉共集放大器的电路组成及其工作原理。

(3) 会熟练使用常用电子仪器仪表。

(4) 能正确装接电路。

(5) 会进行电路的静态工作点调整与性能指标的测试。

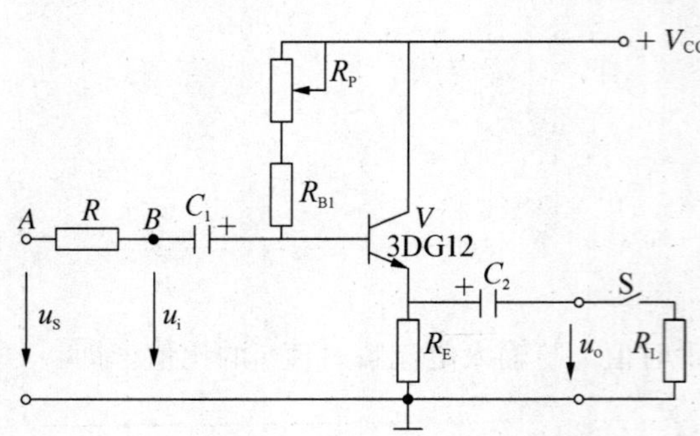

图 2-3-2 共集放大器的电路图

三、认识电路

共集放大器的电路图如图 2-3-2 所示,为阻容耦合的射极输出器。

四、电路制作

1. 元件清单(表 2-3-1)

表 2-3-1 元件清单

元器件名称	规格	数量
电阻 R_{b1}、R	10 kΩ	2个
电位器 R_P	500 kΩ	1个
电阻 R_E、R_L	5.1 kΩ	2个
电容 C_1、C_2	10 μF/16 V	2个
三极管 V	3DG12	1个
单掷开关		1个

2. 元件测试

识别与检测元器件。若有元器件损坏,请说明情况。

3. 制作要求

(1) 要按工艺要求装接电路。

(2) 电解电容的极性不能接错,以免造成电容器的损坏。

(3) 电路装接好之后才可接通电源。

(4) 进行性能指标测试时,一定要注意测试条件。

五、电路测试

1. 测试设备

通用面包板 1 块、双踪示波器 1 台、直流稳压电源 1 台、万用表 1 只、函数信号发生器

1台、晶体管毫伏表1只。

2. 静态工作点的调整与测试

(1) 静态工作点Q的调整　合上S,接入负载。接通+12 V直流电源,在B点加入$f=1$ kHz的正弦信号u_i,用示波器监测u_o波形。反复调整R_P及信号源的输出幅度,使放大器输出电压的不失真幅值最大。观测u_o波形,得$U_{om(max)}=$________。

(2) 静态工作点Q的测试　取走信号源,用万用表直流电压挡测量三极管各极对地电压,填入表2-3-2。计算U_{BEQ}、U_{CEQ}及I_E值,填入表2-3-2。

表2-3-2　共集放大器的静态工作点Q测试数据表

U_{EQ}(V)	U_{BQ}(V)	U_{CQ}(V)	U_{BEQ}(V)	U_{CEQ}(V)	I_E(mA)

3. 性能指标的测试

保持R_P不变,以使电路有良好的动态范围。

(1) 电压放大倍数A_u的测试　S闭合,接入负载。在B点加入$f=1$ kHz的正弦信号u_i,用示波器监测u_o波形。逐渐调大U_i,在输出最大不失真信号下,用毫伏表测U_i和U_o值,记入表2-3-3;计算A_u,填入表2-3-3。

表2-3-3　测A_u的数据表($f=1$ kHz)

U_i(V)	U_o(V)	$A_u=U_o/U_i$

(2) 输出电阻R_o的测试　在B点加入$f=1$ kHz的正弦信号u_i,用示波器监测u_o波形。断开S,电路空载。逐渐调大U_i,在输出最大不失真信号下,用毫伏表测量空载输出电压U_o',记入表2-3-4;然后,闭合S,接入负载,用毫伏表测量电路负载下的输出电压U_o,记入表2-3-4;最后,计算R_o,填入表2-3-4。

表2-3-4　测R_o的数据表($f=1$ kHz)

空载输出电压U_o'(V)	负载输出电压U_o(V)	$R_o=\left(\frac{U_o'}{U_o}-1\right)R_L(\Omega)$

(3) 输入电阻R_i的测试　S闭合,接入负载。在A点加入$f=1$ kHz的正弦信号u_s,用示波器监测u_o波形。逐渐调大U_S,在输出最大不失真信号下,用毫伏表测量U_S和U_i值,记入表2-2-5;计算R_i,填入表2-3-5。

表 2-2-5 测 R_i 的数据表($f=1$ kHz)

U_S(V)	U_i(V)	$R_i=\frac{U_i}{U_S-U_i}R$(kΩ)

六、任务考核(表 2-3-6)

表 2-3-6 共集放大器的制作与测试考核表

项目	内容	配分	考核要求	扣分标准	得分
实训态度	1. 实训的积极性; 2. 安全操作规程的遵守情况; 3. 纪律遵守情况	30分	积极参加实训,遵守安全操作规程和劳动纪律,有良好的职业道德和敬业精神	违反安全操作规程扣30分,其余不达要求酌情扣分	
元器件的识别与检测	1. 元器件识别; 2. 元器件检测	10分	能正确识别元器件;会用万用表检测元器件	不能识别元器件,每个扣1分;不会检测元器件,每个扣1分	
电路的制作	1. 画出电路装配图; 2. 按装配图装接	15分	装配图布局合理;电路装接符合工艺规范;走线美观	电路装接不规范,每处扣1分;电路接错,每处扣5分;装配图不合理、走线不美观,酌情扣分	
静态工作点的调整与测试	1. 静态工作点 Q 的调整; 2. 静态工作点 Q 的测试	15分	仪器、仪表使用正确;能正确进行静态工作点的调整与测试	仪器、仪表使用错误,每次扣2分;Q 点调整错误,扣5分;数据记录、处理错误,每次扣1分	
性能指标的测试	1. A_u 的测试; 2. R_o 的测试; 3. R_i 的测试	30分	能按要求进行 A_u、R_o、R_i 的测试	数据记录错误,每次扣2分;数据处理错误,每次扣5分	
合计		100分			
注:各项配分扣完为止					

七、任务思考

(1) 图 2-3-2 中,接入 R_{B1} 的目的何在?

（2）请仔细思考与体会在对各性能指标进行测试时，测试方法的正确性与测试条件的合理性。

知识拓展

一、共集放大电路的分析方法

1. 静态分析

共集放大电路的直流通路如图 2-3-3 所示。

在基极回路列出下列方程：

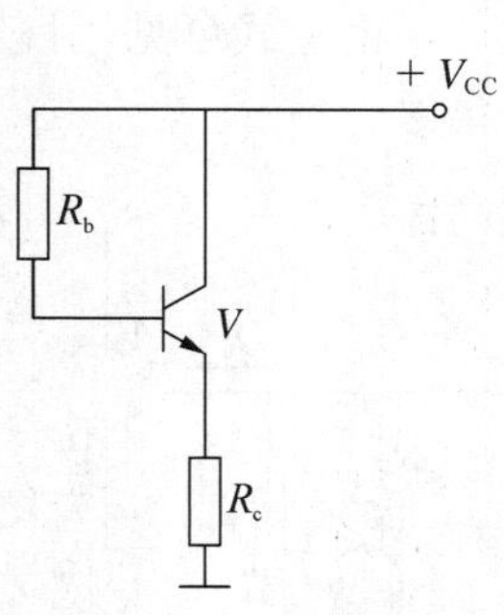

图 2-3-3　共集放大电路的直流通路

$$U_{cc} = I_{BQ}R_b + U_{BEQ} + I_{EQ}R_e$$
$$= I_{BQ}R_b + U_{BEQ}(1+\beta)R_e$$

整理后得：

$$I_{BQ} = \frac{U_G - U_{BEQ}}{R_b + (1+\beta)R_e}$$

发射极电流是基极电流的 $(1+\beta)$ 倍，故有：

$$I_{EQ} = (1+\beta)I_{BQ}$$

$$U_{CEQ} = U_{cc} - I_{EQ}R_e$$

2. 动态分析

图 2-3-1(b)所示为射极输出器的交流电路，设 $R'_L = R_E \mathbin{/\mkern-6mu/} R_L$。

（1）电压放大倍数 A_u　由图 2-3-1(b)可以看出，输入电压 u_i和输出电压 u_o与三极管发射结电压 u_{be}三者之间有下列关系：

$$u_{be} = u_i - u_o$$

而 u_{be}一般很小，所以输出电压 u_o总是小于并接近于输入电压 u_i，即 $u_o \approx u_i$。所以射极输出器的电压放大倍数总是小于 1 且接近于 1，即：

$$A_u = \frac{u_o}{u_i} \approx 1$$

由于 $A_u \approx 1$，即射极输出器的电压放大倍数接近于 1，且输出电压与输入电压同相，因此射极输出器通常又称为射极跟随器或电压跟随器。其输出电流是输入电流的 $(1+\beta)$ 倍，所以具有电流放大的能力。

(2) 输入电阻 R_i　射极输出器的输入电阻 R_i，是指当输出端接有负载电阻 R_L 时，从电路输入端看进去的所有电阻等效值。

在图 2-3-1(b)中，把 R'_L 折合到基极回路后的电阻为 $(1+\beta)R'_L$，该电阻与 r_{be} 串联后再与 R_B 并联，因此输入电阻 R_i 为：

$$R_i = R_B \mathbin{/\!/} [r_{be} + (1+\beta)R'_L]$$

由于 $\beta \gg 1$，且 $(1+\beta)R'_L \approx \beta R'_L \gg r_{be}$，因此：

$$R_i \approx R_B \mathbin{/\!/} \beta R'_L$$

由上式可见，射极输出器的输入电阻相对较大，比共射基本放大电路的输入电阻要大得多。

(3) 输出电阻 R_o　射极输出器的输出电阻 R_o，是指当输入端接有信号源内阻 R_S 时，从电路输出端看进去的所有电阻等效值。

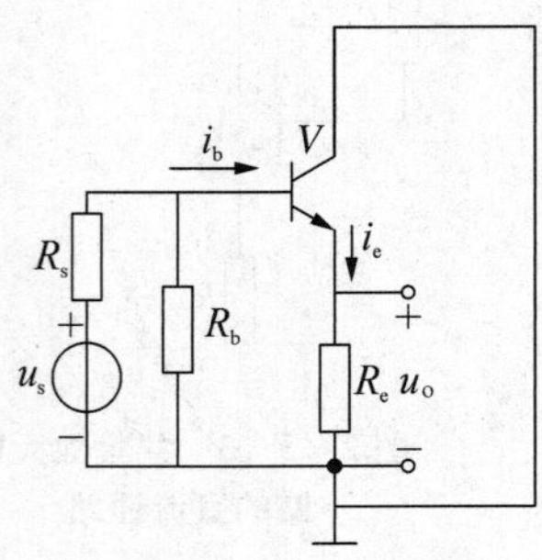

图 2-3-4　分析 R_o 示意图

图 2-3-4 所示电路为分析 R_o 的示意图，设 $R'_s = R_s \mathbin{/\!/} R_B$，把 R'_s 与 r_{be} 串联后折合到发射极回路的电阻为 $(r_{be}+R'_s)/(1+\beta)$，而该电阻又与 R_E 并联，因此输出电阻 R_o 为：

$$R_o = \frac{r_{be} + R'_s}{1+\beta} \mathbin{/\!/} R_E$$

通常 $R_E \gg (r_{be} + R'_s)/(1+\beta)$，则：

$$R_o \approx \frac{r_{be} + R'_s}{1+\beta}$$

如果不考虑信号源内阻，即 $R_s = 0$，$R'_s = 0$，则有：

$$R_o \approx \frac{r_{be}}{1+\beta}$$

由上式可见，射极输出器的输出电阻相对较小，一般为几欧姆到几十欧姆。

二、共集放大电路的特点和应用

射极输出器的特点是：输入电阻高、输出电阻低；电压放大倍数略小于 1，电压跟随特性好，而且具有一定的电流放大能力和功率放大能力，具有较高应用价值而得到广泛应用。现分别说明如下：

1. 作多级放大电路的输入级

其主要是利用了射极输出器的输入电阻大，需要信号源为放大器提供的电流小(功率小)，即对信号源的影响小。例如，在许多测量电压的电子仪器中就采用射极输出器作为输入级,可使输入到仪器的电压基本等于被测电压,减小了误差,提高了精度。

2. 作多级放大电路的输出级

其主要是利用了射极输出器的输出电阻小,负载变动对电压放大的影响小,即放大器带负载能力强,而且可以获得稳定的输出电压。对负载电阻较小和负载变化大的场合,宜采用射极输出器作为输出级。

3. 作多级放大电路的缓冲级

射极输出器通常用来缓冲负载对信号源的影响或隔离前后级之间的相互影响,因此又称为缓冲放大器。缓冲放大器实际上在电路中起到了阻抗变换的作用。

目标检测

一、简答题

1. 画出射极输出器的电路图和交流通路,并简述这种电路的性能特点。为什么它又称射极跟随器?

2. 共集电极接法和共发射极接法的放大器,其电压放大倍数哪个大?功率放大倍数哪个大?这两种放大器主要用途有何区别?

任务四 制作与调试负反馈放大电路

知识准备

一、反馈

前面已经分析过各种基本放大器的性能,但分析时只涉及输入信号对输出信号的控制作用,这称为放大器的正向传输作用。然而,放大器输出信号也可能对输入信号产生控制作用,把放大器输出量的部分或全部通过一定的方式送回到输入端,与输入信号一起控制放大器的过程,称为反馈。

二、负反馈

如果引入的反馈信号使放大电路的净输入信号减小,即能起到削弱输入信号作用的反馈称为负反馈;相反,如果引入的反馈信号使放大电路的净输入信号增加,即能起到增强输入信号作用的反馈称为正反馈。

在放大电路中，通常引入负反馈以改善放大电路的性能，如在分压式偏置电路中利用负反馈的原理以稳定放大电路的静态工作点等。在放大电路中如果引入正反馈容易引起电路振荡，使电路性能不稳定，故一般很少采用，然而利用正反馈可以组成各种类型的振荡电路。

三、负反馈放大电路

1. 负反馈放大电路的组成

负反馈放大电路的组成框图如图 2-4-1 所示。

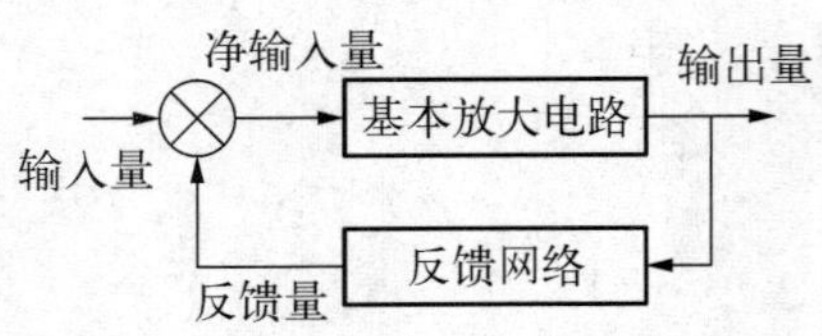

图 2-4-1　负反馈放大电路组成框图

负反馈放大电路由基本放大电路和反馈网络两部分组成。基本放大电路的主要作用是放大信号，而反馈网络的主要作用是传输反馈信号。反馈电路一般由电阻或电容等元件构成。

由图 2-4-1 可知，负反馈放大电路与基本放大电路的主要区别是：

(1) 负反馈放大电路的净输入信号不仅仅是信号源单方面提供的，还有反馈过来的信号。

(2) 负反馈放大电路的输出信号在送到负载的同时还要取出部分或全部送回到原放大电路的输入端。

(3) 净输入信号＝输入信号－反馈信号，小于输入信号。因此，负反馈放大电路的放大倍数小于基本放大电路的放大倍数。

2. 负反馈放大电路的分类

(1) 直流反馈和交流反馈　在放大电路中同时存在直流分量和交流分量。分析直流分量，要画出直流通路；分析交流分量，要画出交流通路。如果直流通路中含有反馈通路，则说明电路中有直流反馈，若交流通路中有反馈通路，则说明电路中含有交流反馈。直流通路中的直流反馈对电路的直流性能会产生影响，如静态工作点等，交流通路中的交流反馈则对电路的交流性能产生影响，如电压放大倍数、输入电阻、输出电阻等。

(2) 电压反馈与电流反馈　根据反馈信号从输出端的采样对象(取自放大电路的输出电压或电流)来分类，有电压反馈和电流反馈。

如果反馈信号取自输出电压，并且反馈量与输出电压量成正比，则为电压反馈；如果反馈信号取自输出电流，并且反馈量与输出电流量成正比，则为电流反馈。放大电路中如果引入电压负反馈，将使放大电路的输出电压保持稳定；同样，放大电路中如果引入电流负反馈，将使放大电路的输出电流保持稳定。电压反馈与电流反馈的组成如图 2-4-2 所示。

(3) 串联反馈和并联反馈　根据反馈电路和基本放大电路在输入端的接法不同，可将反馈分为串联反馈和并联反馈。

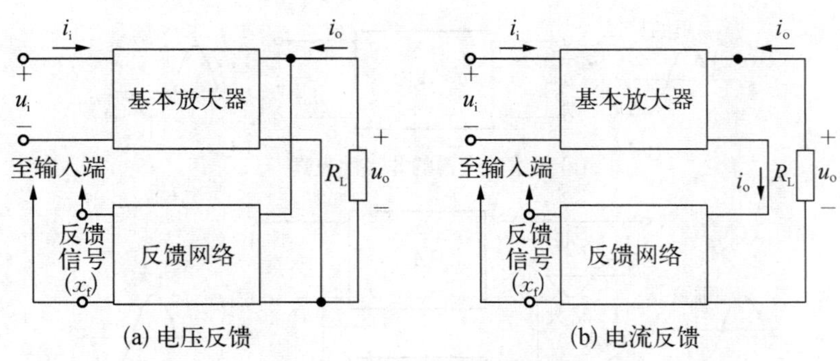

图 2-4-2 电压反馈和电流反馈的框图

如果净输入电压由输入信号和反馈信号串联而成则为串联反馈。如果净输入电流由反馈电流与输入电流并联而成则为并联反馈。串联反馈和并联反馈的组成框图如图 2-4-3所示。

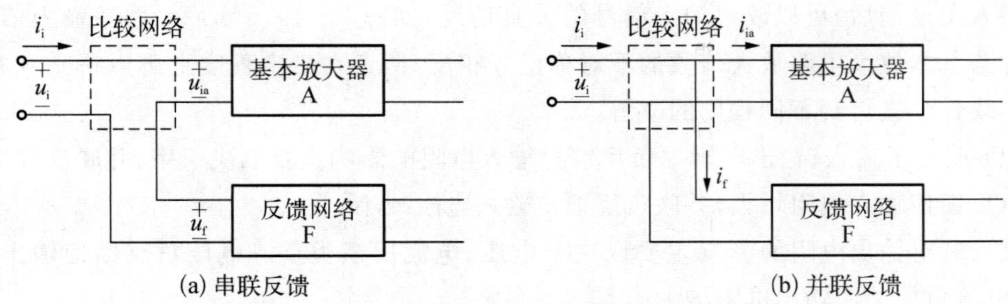

图 2-4-3 串联反馈和并联反馈的框图

3. 负反馈对放大器性能的影响

放大电路引入负反馈后放大倍数下降,但放大器其他许多方面的性能得到改善。

(1) 提高了放大倍数的稳定性 在基本放大电路中,由于晶体管参数、电源电压、环境温度及元件参数发生变化时,会使电路的放大倍数随着变化而不稳定。引入负反馈后,通过对放大倍数的自动调节,可以提高其稳定性。

(2) 展宽了通频带 由图 2-4-4 可见,无反馈时,中频段的电压放大倍数为 A_{uo},其上、下限频率分别为 f_H 和 f_L。加入负反馈后,中频段的电压放大倍数下降到 A'_{uo}。而高频段和低频段由于原放大倍数较小,其反馈量相对于中频段要小,因此放大倍数的下降量相对中频段要少,使放大器的频率特性变得平坦,即通频带展宽了。

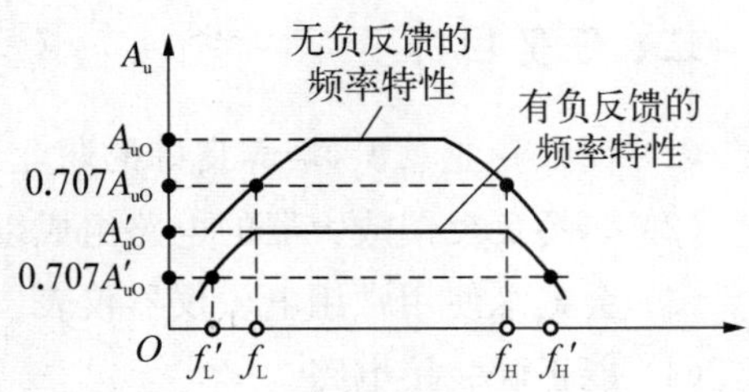

图 2-4-4 负反馈对频响的改善

(3) 减小了非线性失真 由于三极管是非线性器件,虽然输入信号 u_i 为正弦波,但输出信号 u_o 不是正弦波,造成一定的失真,这种失真称为非线性失真,如图 2-4-5(a)所示。

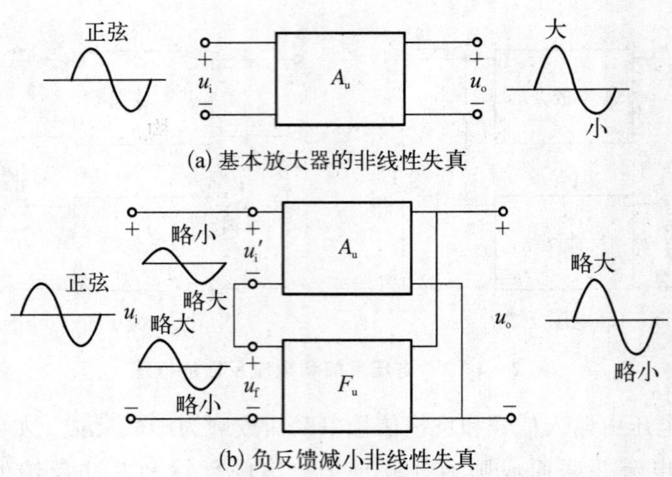

(a) 基本放大器的非线性失真

(b) 负反馈减小非线性失真

图 2-4-5　负反馈减小非线性失真示意图

引入负反馈后，可以改善输出信号的失真情况，如图 2-4-5(b)所示，净输入信号的不对称与基本放大电路放大倍数的不对称正好相反，两者在一定程度上可以得到互补，从而使非线性失真得到不同程度的改善。

(4) 改变了输入、输出电阻　负反馈对输入电阻的影响主要取决于串、并联反馈类型。串联负反馈使输入电阻增大，并联负反馈使输入电阻减小。

负反馈对输出电阻的影响主要取决于电压、电流反馈类型。电压负反馈使输出电阻减小，电流负反馈使输出电阻增大。

任务实施

一、任务布置

(1) 按照所给原理图设计好安装接线图并进行组装与焊接。

(2) 按照要求完成所有测试内容。

(3) 写出本次制作的心得体会。

二、任务目标

(1) 增强专业意识，培养良好的职业道德和职业习惯。

(2) 熟悉负反馈放大器的电路组成以及负反馈对电路性能的影响。

(3) 会熟练使用常用电子仪器仪表。

(4) 能正确装接电路。

(5) 会进行电路动态性能指标的测试。

三、认识电路

图 2－4－6 中的 R_f、C_f 引入的是电压串联负反馈。V_1 构成的是固定偏置的共发射极放大电路，V_2 构成的是分压式偏置共发射极放大电路，两者都主要进行电压放大，为负载提供足够的输出电压。

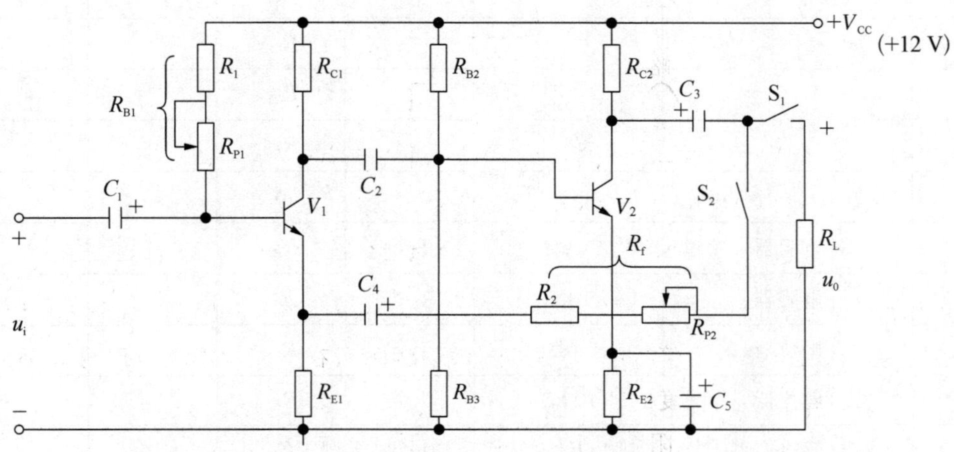

图 2－4－6　负反馈放大电路原理图

四、电路制作

1. 制作设备

(1) 通用面包板 1 块。

(2) 双踪示波器 1 台。

(3) 直流稳压电源 1 台。

(4) 万用表 1 只。

(5) 函数信号发生器 1 台。

(6) 晶体管毫伏表 1 只。

(7) 电烙铁、镊子等装接工具一套。

(8) 元器件及材料一套　R_{B1} 由 1 MΩ 电阻 R_1 与 1 MΩ 电位器 R_{P1} 相串联组成，R_f 由 2 kΩ 电阻 R_2 与 10 kΩ 电位器 R_{P2} 相串联组成，R_{C1}、R_{C2}、R_{E1}、R_{E2}、R_{B2} 为 2 kΩ，R_{B3} 为 1.5 kΩ，R_L 为 1 kΩ，C_1 为 10 μF/50 V，C_2 为 1 μF/50 V，C_3、C_4、C_5 为 47 μF/50 V，V_1、V_2 为 C9014(表 2－4－1)。

2. 清点与检测元器件

根据元器件及材料清单，清点并检测元器件。将测试结果填入表 2－4－1 中，正常的填“√”，如元器件有问题，及时提出并更换。将正常的元器件对应粘贴在表 2－4－1 中。

表 2-4-1 装接负反馈放大电路的元器件及材料清单

序号	名　　称	型号规格	数量	配件图号	测试结果	元件粘贴区
1	电阻器	680 kΩ	1 个	R_1		
2	电阻器	2 kΩ	6 个	R_{B2}		
3				R_{C1}		
4				R_{C2}		
5				R_{E1}		
6				R_{E2}		
7				R_2		
8	电阻器	1 kΩ	1 个	R_{B3}		
9	电阻器	1 kΩ	1 个	R_L		
10	电位器	1 MΩ	1 个	R_{P1}		
11	电位器	10 kΩ	1 个	R_{P2}		
12	电解电容器	10 μF/50 V	1 个	C_1		
13	电解电容器	1 μF/50 V	1 个	C_2		
14	电解电容器	47 μF/50 V	3 个	C_3		
15				C_4		
16				C_5		
17	三极管	3DG6C	2 只	V_1		
18				V_2		
19	开关		2 只	S_1		
20				S_2		
21	松香、焊锡丝、导线等		若干			

3. 依据所给原理图 2-4-6 设计电路安装接线图

要求：

(1) 电路布局合理。

(2) 走线美观。

(3) 连线要横平竖直。

(4) 尽量少用短接线。

(5) 电路不要有交叉线。

4. 焊接

根据各自所设计的安装接线图进行焊接组装电路。

5. 注意事项

(1) 要按工艺要求装接电路。

(2) 电解电容的极性不能接错,以免造成电容器的损坏。

(3) 电路装接好之后才可接通电源。

(4) 进行性能指标测试时,一定要注意测试条件。

五、电路测试

1. 负反馈放大电路提高增益稳定性的测量

(1) 不接 u_i,且不接 R_f,接入 R_L 和 $V_{CC}=12\ V$,调节 R_{P1},使 $U_{CE1}=8\ V$;测量 V_2 管 $U_{CE2}=$ ________V。

(2) 输入端接入 u_i($f=1\ kHz$, $U_i=10\ mV$),用示波器观察输出电压波形,若输出电压波形有失真,则调节输入电压大小,使输出电压基本无失真。

(3) 保持步骤(2)且断开 R_L,用交流毫伏表分别测量此时输入电压 U_i 和输出电压(记为 U_o')的大小,并记录(此时放大器的工作状况为开环、空载):

$$U_i = \_\_\_\_\_\_\_\_ mV,\ U_o' = \_\_\_\_\_\_\_\_ mV,\ A_u' = \frac{U_o'}{U_i} = \_\_\_\_\_\_\_\_$$

(4) 保持步骤(3),接入 R_L,用交流毫伏表测量此时输入电压 U_i 和输出电压 U_o 的大小,并记录(此时放大器的工作状况为开环、有载):

$$U_i = \_\_\_\_\_\_\_\_ mV,\ U_o = \_\_\_\_\_\_\_\_ mV,\ A_u = \frac{U_o}{U_i} = \_\_\_\_\_\_\_\_$$

$$\Delta A_u = A_u' - A_u = \_\_\_\_\_\_\_\_,\ \frac{\Delta A_u}{A_u} = \_\_\_\_\_\_\_\_$$

结果表明:当改变负载时,开环(无反馈)放大器增益变化________(较大/较小)。

(5) 保持步骤(4),接入 R_f,用交流毫伏表测量此时输入电压 U_i 和输出电压 U_o 的大小,并记录(此时放大器的工作状况为闭环、有载):

$$U_i = \_\_\_\_\_\_\_\_ mV,\ U_o = \_\_\_\_\_\_\_\_ mV,\ A_{uf} = \frac{U_o}{U_i} = \_\_\_\_\_\_\_\_$$

结果表明:A_{uf}________A_u($>/\approx/<$),即放大电路中引入负反馈后,其增益________(将提高/基本不变/将下降)。

(6) 保持步骤(5),断开 R_L,用交流毫伏表测量此时输入电压 U_i 和输出电压(记为 U_o')的大小,并记录(此时放大器的工作状况为闭环、空载):

$$U_i = \_\_\_\_\_\_\_\_ mV,\ U_o' = \_\_\_\_\_\_\_\_ mV,\ A_{uf}' = \frac{U_o'}{U_i} = \_\_\_\_\_\_\_\_$$

$$\Delta A_{uf} = A_{uf}' - A_{uf} = \_\_\_\_\_\_\_\_,\ \frac{\Delta A_{uf}}{A_{uf}}\ \_\_\_\_\_\_\_\_$$

结果表明:当改变负载时,闭环(有反馈)放大器增益的相对变化量比开环(无反馈)放大器要________(大/小),即放大电路中引入负反馈后,其增益的稳定性________(将提高/基本不变/将下降)。

2. 负反馈放大电路减小非线性失真的测量

(1) 不接 u_i 和 R_f,接入 R_L 和 $V_{CC}=12$ V,调节 R_{P1},使 $U_{CE1}=8$ V;测量 V_2 管 $U_{CE2}=$ ________V。

(2) 保持步骤(1),输入端接入 u_i($f=1$ kHz, $U_i=10$ mV),用示波器观察输出电压波形,调节输入电压大小,使输出电压最大且无明显失真。

(3) 保持步骤(2),调节输入电压大小,使输出电压波形顶部产生明显失真但尚未产生平顶失真,记录此时已失真的输出电压的峰—峰值 U_{op-p}:

$$U_{op-p} = \_\_\_\_\_\_\_\_ \text{V}$$

(4) 保持步骤(3),接入 R_f(闭环),调节 R_f 的大小,观察并记录此时输出电压波形较原来波形的失真有无明显改善:________。

结果表明:引入负反馈________(可以/不可以)减小放大电路的非线性失真。

六、任务考核(表 2-4-2)

表 2-4-2　负反馈放大器的制作与测试考核表

项　　目	内　　容	配分	考　核　要　求	扣分标准	得分
实训态度	1. 实训的积极性; 2. 安全操作规程的遵守情况; 3. 纪律遵守情况	30 分	积极参加实训,遵守安全操作规程和劳动纪律,有良好的职业道德和敬业精神	违反安全操作规程扣 30 分,其余不达要求酌情扣分	
元器件的识别与检测	1. 元器件识别; 2. 元器件检测	10 分	能正确识别元器件;会用万用表检测元器件	不能识别元器件,每个扣 1 分;不会检测元器件,每个扣 1 分	
电路的制作	1. 画出电路装配图; 2. 按装配图装接	15 分	装配图布局合理;电路装接符合工艺规范;走线美观	电路装接不规范,每处扣 1 分;电路接错,每处扣 5 分;装配图不合理、走线不美观,酌情扣分	
电路测试	1. 电路增益稳定性的测试; 2. 减小非线性失真的测试	35 分	仪器、仪表使用正确;能按要求进行增益稳定性和减小非线性失真的测试	仪器、仪表使用错误,每次扣 2 分;数据记录、处理错误,每次扣 2 分	
测试结论	测试结论的分析	10 分	能正确说明测试结论	答错一个扣 2 分	
合计		100 分			
注:各项配分扣完为止					

七、任务思考

(1) 若将反馈网络接于 V_1 管的基极和 V_2 管的发射极之间，电路引入的反馈类型如何变化？电路的哪些参数会随之变化？

(2) 写出本次实训的心得体会。

知识拓展

负反馈放大电路的分析方法

负反馈放大电路的分析，主要包括三方面的工作：一是找出反馈元件；二是判别反馈极性；三是判断反馈的类型。

1. 判断电路是否存在反馈

要判别一个电路是否存在反馈，就是要看这个电路中是否有反馈元件。所谓反馈元件，通常是指既存在于输入回路又存在于输出回路中的元件。如在图 2-4-7 中 R_{f1}、C_{f1} 和 R_{f2}、C_{f2} 都既存在于输入回路又存在于输出回路中，因而它们都是反馈元件，这时电路中就存在反馈了。

2. 判别是正反馈还是负反馈

通常采用瞬时极性法来判断电路的正反馈和负反馈。具体做法是：先假设放大电路输入端的信号在某一瞬时对地极性为"+"或"-"，然后根据各级电路输出端与输入端信号的相位关系，标出各点的瞬时极性，再得到反馈信号的极性，最后通过比较反馈端与输入端的极性来判断电路的净输入信号是增强还是削弱。若净输入信号增强了则为正反馈；反之，则为负反馈。

现在我们来判别图 2-4-7 中 R_{f2}、C_{f2} 引入的是正反馈还是负反馈。假设三极管 V_1 的

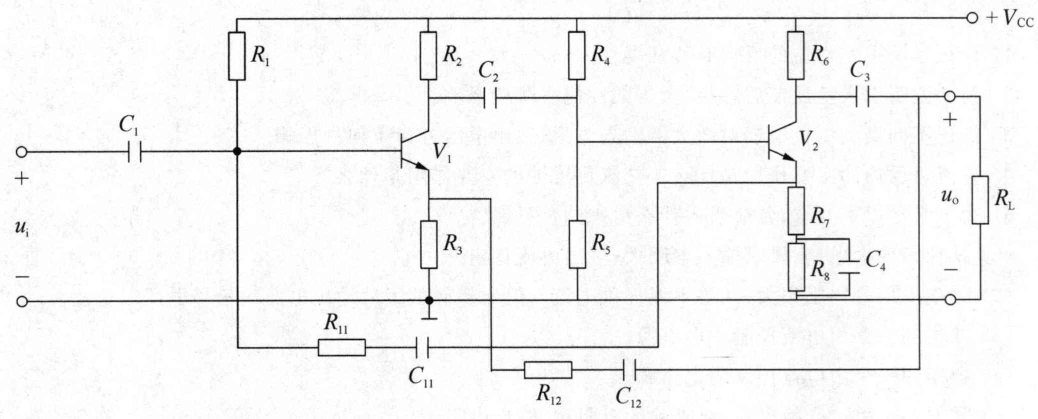

图 2-4-7　反馈放大器的电路图

输入端的瞬时极性为"+",由于第一级电路为共射电路,具有倒相作用,则 V_1 管的集电极瞬时极性为"-",通过电容 C_2 耦合到 V_2 管的基极仍为"-",由于第二级电路也为共射电路,则 V_2 管的集电极瞬时极性为"+",再经过反馈元件 R_{f2}、C_{f2} 送到 V_1 管的发射极为"+",此时反馈信号的极性与输入端的极性相同,因此 V_1 管的净输入信号 $u_{BE}=u_i-u_F$ 减小,所以 R_{f2}、C_{f2} 引入的是负反馈。

3. 判别反馈类型

根据反馈的含义,反馈是从输出端取一部分或全部的量引回到输入端。反馈取样对象可以是输出电压或者输出电流。反馈引回到输入端的方式,分为串联和并联两种。因此负反馈的类型有电压串联负反馈、电压并联负反馈、电流串联负反馈和电流并联负反馈四种。

(1) 电压反馈、电流反馈的判别　判别电压反馈还是电流反馈,通常把输出端短路,如果反馈信号为零,则为电压反馈;反之,反馈信号不为零,则为电流反馈。

现在我们来判别图 2-4-7 中 R_{f2}、C_{f2} 引入的是电压反馈还是电流反馈。将输出端短路,此时,输出电压为零,反馈电压也为零,因而 R_{f2}、C_{f2} 引入的是电压反馈。

(2) 串联反馈、并联反馈的判别　判别串联反馈还是并联反馈,通常把输入端短路,如果反馈信号为零,则为并联反馈;反之,反馈信号不为零,则为串联反馈。

现在我们来判别图 2-4-7 中 R_{f2}、C_{f2} 引入的是串联反馈还是并联反馈。将输入端短路,此时,反馈信号不为零,因而 R_{f2}、C_{f2} 引入的是串联反馈。

综上所述,图 2-4-7 中 R_{f2}、C_{f2} 引入的是电压串联负反馈。同样可以用上述方法判别图 2-4-7 中 R_{f1}、C_{f1} 引入的是电流并联负反馈。

目标检测

一、简答题

1. 什么是反馈?常见的反馈有哪几类?

2. 简要说明引入负反馈后,对放大器的性能有哪些影响。

3. 简述不同类型的负反馈对放大器输入电阻、输出电阻各产生何种影响。

4. 直流负反馈的主要作用是什么?交流负反馈的主要作用是什么?

5. 为了满足以下要求,各应引入什么组态的负反馈?

(1) 某仪表放大电路,要求输入电阻大,输出电流稳定。

(2) 某电压信号内阻很大(几乎不能提供电流),但希望经放大后输出电压与信号电压成正比。

(3) 要得到一个由电流控制的电流源。

(4) 要得到一个由电流控制的电压源。

(5) 需要一个阻抗变换电路,要求输入电阻小,输出电阻大。

6. 电路如图 2-4-8 所示。为了实现以下要求，各应采用什么负反馈形式？如何连接？

（1）要求 R_L 变化时输出电压基本不变。

（2）要求信号源为电流源时，反馈的效果比较好。

（3）要求放大器的输出信号接近恒流源。

（4）要求输入端向信号源索取的电流尽可能小。

（5）要求信号源为电流源时，输出电压稳定。

（6）要求输入电阻大，且输出电流变化尽可能小。

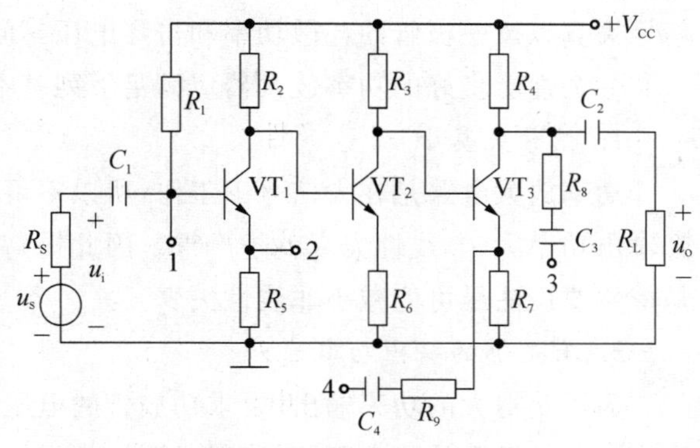

图 2-4-8　电路图

任务五　制作与调试功率放大电路

知识准备

一、功率放大器

前面所讨论、制作的各类放大器均具有功率放大的作用，但它们属于小信号放大，输出功率很低，主要要求输出电压或电流幅度得到足够的放大，所以称为电压放大器或电流放大器。但在某些场合，常常需要用电路的输出信号去控制或驱动一些设备工作，例如使电动机转动、扬声器发声、仪表指针偏转、继电器动作等，因此需要输出信号有较大的功率。能使输出的低频信号具有较大功率的放大器，称为低频功率放大器，简称功放。

二、功率放大器的特点及要求

放大电路实质上都是能量转换电路。从能量控制的观点来看，电压放大器与功率放大器并没有本质的区别，两者都是利用有源器件（三极管、场效应管、线性集成放大器等）将电源的直流能量转换为负载工作所需的信号能量。但是功率放大器与一般的电压放大器的要求是不同的。电压放大器的主要任务是把微弱的信号电压进行放大，一般输入、输出的电压和电流都较小，三极管常工作在线性状态，是小信号放大器。它输出信号的功率小，消耗能量少，信号失真小。功率放大器的主要任务是输出较大的信号功率，它的输入、输出电压和电流都较大，三极管常工作在临近极限状态，是大信号放大器。它输出信号的功率大，消耗能量多，信号容易失真。因此研究功率放大器时应特别注意效率、输出功率、信号失真以及三极管的耗散功率和击穿电压等问题。

一个性能良好的功率放大器应满足下列基本要求：

1. 信号失真小

功率放大电路是在大信号下工作，所以不可避免地会产生非线性失真，而且同一功放管输出功率大，非线性失真就越严重。因此提高输出功率与减少非线性失真是矛盾的，但是依然要设法尽可能减小非线性失真。

2. 有足够的输出功率

为了获得大的功率输出，要求功放管的电压和电流都有足够大的输出幅度，因此管子往往在接近极限的状态下工作，但又不能超越管子的极限参数。

3. 效率高

功率放大器的输出功率是由直流电源提供的，直流电源在提供输出功率的同时，还有一部分功率消耗在功率管上并产生热量，这是一种无用功率，因此这里存在一个效率问题。所谓效率就是负载得到的有用信号功率和电源提供的直流总功率的比值，即 $\eta=\frac{P_O}{P_E}$。在直流电源提供相同直流功率的条件下，输出信号功率越大，电路效率越高。由于管耗过大将功率放大管发热损坏，所以对于低频功率放大器效率越高越好。

4. 散热性能好

功放管工作时，集电极上有较大的功率损耗，造成管子的温度升高，使功放管损坏的可能性也比较大，为此必须考虑管子的散热问题。

三、功率放大器的分类

1. 按功放管的工作状态分类

由于功率放大电路静态工作点位置的不同，功放电路中功放管的工作状态也各不相同。根据功放管工作状态的不同，功率放大器可分为甲类、乙类和甲乙类三种，如图2-5-1所示。

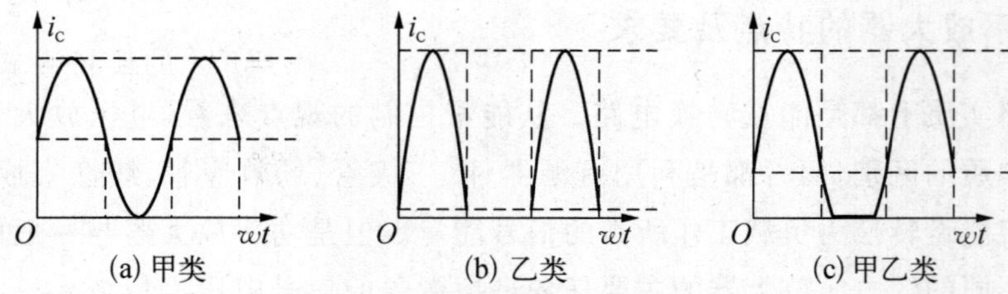

图 2-5-1　低频功率放大器三种工作状态

(1) 甲类功放　在输入信号的整个周期内，三极管都处于放大状态，因而输出波形几乎没有失真，但静态电流大，效率低，理想情况下的最高效率 $\eta_{max}=50\%$。实际应用中，甲类功放少见。

(2) 乙类功放　在输入信号的整个周期内，三极管是半个周期处于放大状态，半个周期处于截止状态，因而只有半波输出，输出波形失真大，但静态电流几乎为零，效率高。如果采用互补对称的两个不同类型(一个 NPN 型和一个 PNP 型)的三极管组合起来交替工作，可得到全波输出。

(3) 甲乙类功放　在输入信号的整个周期内，三极管是多于半个周期处于放大状态，不到半个周期处于截止状态，因而输出波形失真较大，但静态电流较小，效率较高。如要得到全波输出，仍需采用互补对称的两个不同类型的三极管组合起来交替工作。

2. 按功率放大器输出端结构特点分类

根据功率放大电路输出端结构特点不同可分为有输出变压器功放电路、无输出变压器功放电路(OTL 功放电路)、无输出电容功放电路(OCL 功放电路)、桥接无输出变压器功放电路(BTL 功放电路)四种。

四、互补对称式功率放大电路

1. 乙类互补对称式功率放大电路(OCL 功放)

乙类 OCL 功放电路如图 2-5-2 所示。由于静态下功放管 VT_1、VT_2 均不导通，故电路工作于乙类状态。又因 VT_1 与 VT_2 管型互补，参数对称，故又称这种电路为互补对称电路。

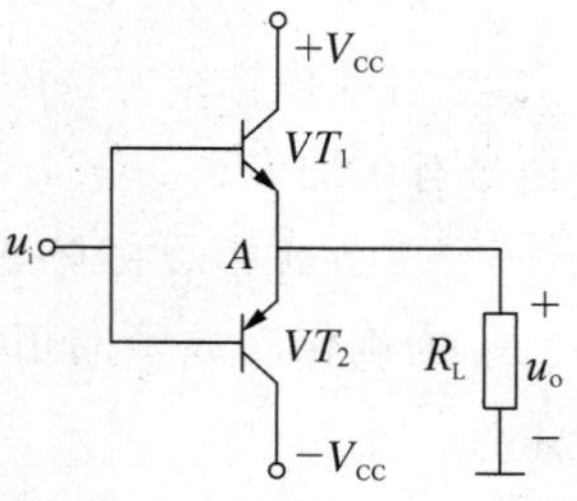

图 2-5-2　乙类 OCL 功放

当 u_i 处于正半周时，VT_1 管导通、VT_2 管截止，VT_1 的集电极电流流过负载 R_L，形成输出电压 u_o 正半周；当 u_i 处于负半周时，VT_1 管截止、VT_2 管导通，VT_2 的集电极电流流过负载 R_L，形成输出电压 u_o 负半周。可见，当 u_i 变化一个周期，功放管 VT_1、VT_2 轮流导通，在负载上得到完整的 u_o 波形。

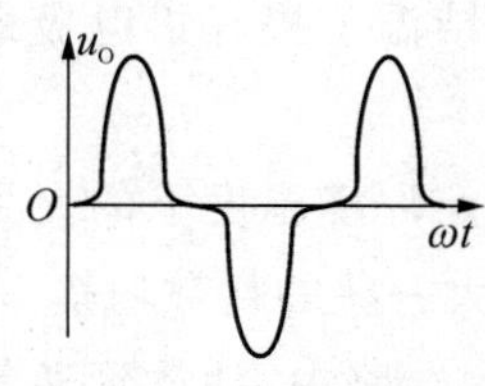

图 2-5-3　交越失真

理想条件下，其输出信号波形与输入信号波形一致。但实际上，由于功放管死区的存在，因此当输入电压变化到零值附近时，功放管 VT_1、VT_2 都截止，输出电压为零。这种在互补对称电路中，由于功放管死区电压的存在而引起的输出波形失真叫交越失真，如图 2-5-3 所示。

理想条件下，乙类 OCL 功放的输出电压振幅最大可达 U_{CC}，对应的输出功率最大值为 $P_{o(max)}=\frac{1}{2}\frac{U_{om(max)}^2}{R_L}=\frac{1}{2}\frac{U_{CC}^2}{R_L}$，效率 $\eta=\frac{P_o}{P_G}$ 的最高值 $\eta_{max}=\frac{\pi}{4}=78.5\%$，最大管耗 $P_{c(max)}=0.4P_{o(max)}$，每管的最大管耗为 $0.2P_{o(max)}$。

2. 无输出变压器功率放大器(OTL 功放)

乙类 OTL 功放电路如图 2-5-4 所示。类似于乙类 OCL 功放，静态时功放管 VT_1、VT_2 均截止，电路工作于乙类状态。且 VT_1 与 VT_2 互补对称，故也是互补对称电路。与乙类 OCL 功放不同的是电路中少一个电源，输出端增加了耦合电容 C。由于电路结构对称，静态时中点 A 的电位 $V_A=V_{CC}/2$，电容 C 的端电

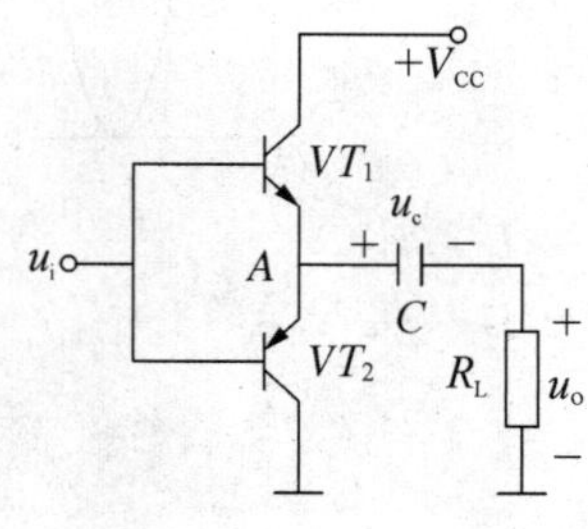

图 2-5-4　乙类 OTL 功放

压 $U_C=V_{CC}/2$。因此，输出耦合电容 C 在 VT_2 工作时起到一个值为 $V_{CC}/2$ 的直流电源的作用。

u_i 正半周时，VT_1 导通、VT_2 截止，VT_1 的集电极电流自电源 V_{CC} 经 VT_1 的 C、E 极给电容 C 充电，再通过负载 R_L，在负载 R_L 上形成输出电压 u_o 的正半周。u_i 负半周时，VT_1 截止、VT_2 导通，VT_2 的集电极电流由电容 C 经 VT_2 的 E、C 极向负载 R_L 放电，在负载 R_L 上形成输出电压 u_o 的负半周。

可见，OTL 功放中，两功放管也交替工作，共同完成对输入信号的放大。

理想条件下，乙类 OTL 功放的输出电压振幅最多可达 $U_{CC}/2$，对应的输出功率最大值为 $P_{o(max)}=\frac{1}{2}\frac{U_{om(max)}^2}{R_L}=\frac{1}{8}\frac{U_{CC}^2}{R_L}$，效率 $\eta=\frac{P_o}{P_G}$ 的最高值 $\eta_{max}=\frac{\pi}{4}=78.5\%$，最大管耗 $P_{c(max)}=0.4P_{o(max)}$，每管的最大管耗为 $0.2P_{o(max)}$。

与 OCL 功放相比，OTL 功放只需单电源供电，但输出端有大容量的电解电容，由于容量大，电容器内铝箔卷绕圈数多，呈现的电感效应大，对不同频率信号产生不同的相移，使输出信号有附加失真。OCL 功放无附加失真问题，但需要双电源供电，也给使用带来了不便。

3. 功放管的安全使用知识

为确保功放管的正常工作，使用前必须认真查阅产品手册，了解其性能、参数和使用条件。

(1) 功放管常常因过热而损坏，过热的重要原因是其实际耗散功率超过额定数值 P_{CM}。三极管的耗散功率取决于管子内部的 PN 结(主要是集电结)温度。当其温度超过允许值后，集电极电流将急剧增大而烧坏管子。硅管的结温允许值为 120～180℃，锗管的结温允许值为 85℃左右。耗散功率等于结温在允许值时集电极电流与管压降之积。三极管的功耗愈大，结温愈高。因而改善功放管的散热条件，可在同样的结温下提高集电极最大耗散功率 P_{CM}，也可提高输出功率。

在产品手册中给出的最大集电极耗散功率是在指定散热器及一定环境温度下的允许值；若改善散热条件，如加大散热器、用电风扇强制风冷，则可获得更大一些的耗散功率。

在小功率放大电路中，功放管一般不加散热器。但在大功率放大电路中，功放管通常均要加散热器，且常把散热器表面钝化、涂黑以利于热辐射，将散热器垂直或水平放置以利于通风，增强散热效果。

常见的散热器外形和在电路中的安装方式如图 2-5-5 所示。

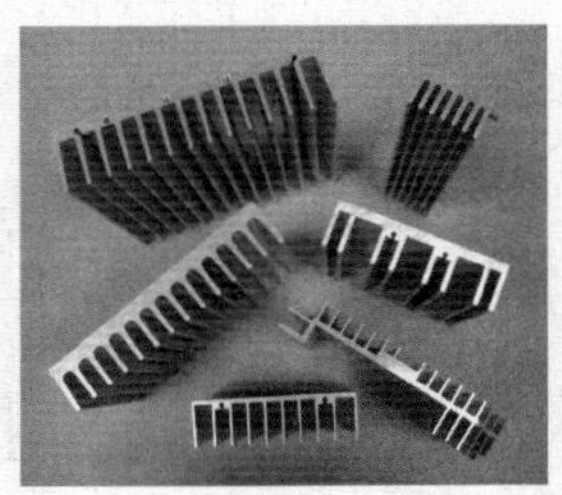

图 2-5-5　常见的散热器外形和在电路中的安装方式

(2) 在更换功放管时，应先检查其前级推动电路或负载是否存在故障，以免更换功放管后再次损坏。

(3) 由于功放管自身的金属外壳或散热片往往是与其集电极相连的，因而不能将功放管的金属外壳或散热片直接安装到散热板上。如将 OTL 或 OCL 电路中的两功放管的金属外壳或散热片直接安装到散热板上，相当于将电源短路。正确的安装方法是在散热板与功放管的金属外壳或散热片之间放进一层云母，以起电气绝缘作用。

(4) 在开关功放电路的电源前，要把音量调至最小。因为此时功放电路的输入信号几乎为零，产生的冲击电流最小，因而可避免对功放管造成危害。

(5) 音箱的两根接线柱相距很近，音箱的两条芯线通常又是并行的，若接线时不小心将两条芯线相碰，将有可能迅速烧毁功放管，因此不能在功放电路通电的情况下连接音箱线。

任务实施

一、任务布置

(1) 按照所给原理图设计好安装接线图并进行组装与焊接。

(2) 按照要求完成所有测试内容。

(3) 写出本次制作的心得体会。

二、任务目标

(1) 能正确识读带有前置放大的 OTL 功放电路。

(2) 通过装接 OTL 功放电路，熟悉常用电子元器件的常用检测方法和电子电路的一般工艺要求。

(3) 通过 OTL 功放电路中点电位、静态工作点的调节和输入、输出波形的观测，进一步了解 OTL 功放电路的工作原理。

(4) 正确使用直流稳压电源、双踪示波器、函数信号发生器、交流毫伏表、万用表等仪器设备。

三、认识电路

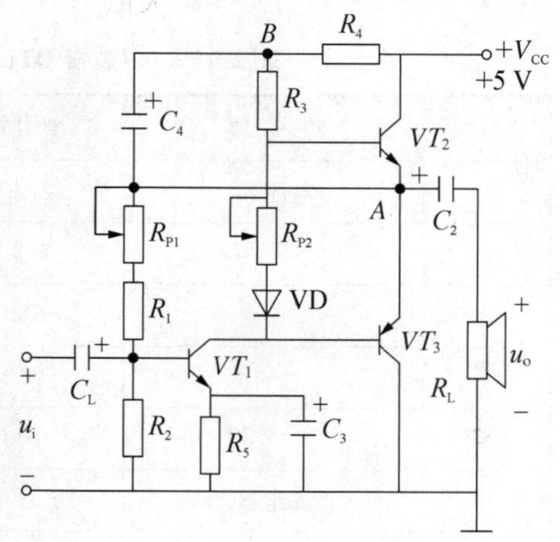

图 2-5-6　甲乙类 OTL 功率放大电路

图 2-5-6 为带有前置放大级的甲乙类 OTL 典型电路。VT_1 构成的前置放大级是共发射极放大器，为功率放大级提供足够的推动信号；VT_2、VT_3 构成甲乙类 OTL 功放；R_4、C_4 构成"自举

电路”。

(1) R_{P1}的作用　实现对静态中点电位V_A的调整，原理如下：

$R_{P1}\uparrow \rightarrow V_{B1}\downarrow \rightarrow I_{E1}\downarrow \rightarrow I_{C1}\downarrow \rightarrow I_{R3}(\approx I_{C1})\downarrow \rightarrow V_{B2}(=V_{CC}-R_4 I_{R3}-R_3 I_{R3})\uparrow \rightarrow$ $V_A(=V_{B2}-U_{BE2})\uparrow$

同理，调小R_{P1}，将使中点电位V_A下降。

(2) R_{P2}的作用　通过调节R_{P2}可以改变两功放管的基极电位之差，使之满足静态工作点的需要，从而达到减小交越失真的目的。

(3) C_2的作用　减少耦合低频交流信号时的损耗和兼作VT_3管的直流电源。

(4) R_4、C_4构成“自举电路”　其作用是对交流信号而言，使VT_2、VT_3所构成的放大器呈共发射极接法，从而提高电路的功率增益。

四、电路制作

1. 制作设备

(1) 直流稳压电源1台。

(2) 双踪示波器1台。

(3) 函数信号发生器1台。

(4) 交流毫伏表1只。

(5) 万用表各1只。

(6) 通用面包板1块。

(7) 镊子1把，电烙铁等焊接工具一套。

(8) 元器件一套(表2-5-1)。

2. 清点与检测元器件

根据元器件及材料清单，清点并检测元器件。将测试结果填入表2-5-1中，正常的填“√”，如元器件有问题，及时提出并更换。将正常的元器件对应粘贴在表2-5-1中。

表2-5-1　装接OTL功率放大器项目的元器件及材料清单

序号	名　称	型号规格	数量	配件图号	测试结果	元件粘贴区
1	电阻器	2.4 kΩ	1个	R_1		
2		3.3 kΩ	1个	R_2		
3		680 Ω	1个	R_3		
4		510 Ω	2个	R_4		
5		100 Ω		R_5		
6	电解电容器	10 μF/10 V	1个	C_1		
7		1 000 μF/10 V	1个	C_2		

续 表

序号	名 称	型号规格	数量	配件图号	测试结果	元件粘贴区
8		100 μF/10 V	2 个	C_3		
9				C_4		
10	二极管	1N4007	1 个	VD		
11	三极管	3DG6	1 个	VT_1		
12		3DG13	1 个	VT_2		
13		3CG13	1 个	VT_3		
14	电位器	10 kΩ	1 个	R_{P1}		
15		1 kΩ	1 个	R_{P2}		
16	扬声器	8 Ω	1 个	R_L		
17	松香、焊锡丝、导线		若干			

3. 依据所给原理图 2-5-6 设计电路安装接线图

要求：

(1) 电路布局合理。

(2) 走线美观。

(3) 连线要横平竖直。

(4) 尽量少用短接线。

(5) 电路不要有交叉线。

4. 焊接

根据各自所设计的安装接线图进行焊接组装电路。

5. 注意事项

(1) 电路装接要按工艺要求实施，布局合理，走线美观。

(2) 电解电容、二极管、三极管的电极不能接错，以免损坏元器件。

(3) 电路装接好，经检查无误后，才可通电，且不能带电改装电路。

(4) 一定要避免出现通电情况下，二极管支路断开的现象，以防功放管因过热而损坏。

五、电路测试

(1) 将 R_{P1} 置中间，R_{P2} 置零。

(2) 通+5 V 电源，用手触摸功放管 VT_2 与 VT_3，若功放管升温显著，说明电路存在故障，应立即关闭电源进行故障排查。

故障现象及排除过程：____。

(3) 中点电位的调整　不接 u_i，调节 R_{P1}，用万用表测量中点的静态电位，使其等于 2.5 V。

(4) 静态工作点的调节与测量　接入 1 kHz 的 u_i正弦信号并缓慢增大其幅值，用示波器监测 u_o波形的交越失真。调节 R_{P2}，直至交越失真刚好消除。测量三极管各极对地电压，填入表 2-5-2 中。计算各三极管的静态工作点 I_{CQ}、U_{BEQ}、U_{CEQ}，填入表 2-5-2。

表 2-5-2　OTL 功放的静态工作点实测数据(V_A＝2.5 V)

三极管	U_B(V)	U_E(V)	U_C(V)	I_{CQ}(mA)	U_{BEQ}(V)	U_{CEQ}(V)
V_1						
V_2						
V_3						

(5) 自举电路作用的研究　逐渐调大信号源的输出电压 U_i，直至功放输出最大不失真电压。记录 u_o波形填入表 2-5-3。断开直流电源与信号源，取走自举电容 C_4、短路隔离电阻 R_4，然后再接通直流电源和信号源，记录 u_o波形，比较有无自举电路两种情况下扬声器音量高低，记入表 2-5-3。

表 2-5-3　研究自举电路作用的测试结果

	有自举电路	无自举电路
u_o波形	u_O(V)；O；t (ms)	u_O(V)；O；t (ms)
扬声器音量		

六、任务考核(表 2-5-4)

表 2-5-4　OTL 功率放大器的制作与调试考核表

项　目	内　容	配分	考 核 要 求	扣分标准	得分
实训态度	1. 实训的积极性； 2. 安全操作规程的遵守情况； 3. 纪律遵守情况	30 分	积极参加实训，遵守安全操作规程和劳动纪律，有良好的职业道德和敬业精神	违反安全操作规程扣 30 分，其余不达要求酌情扣分	

续　表

项　　目	内　　容	配分	考　核　要　求	扣分标准	得分
元器件的识别与检测	1. 识别元器件； 2. 用万表检测元器件	10 分	能正确识别元器件；会用万用表检测元器件	不能识别元器件，每个扣 1 分；不会检测元器件，每个扣 1 分	
电路的制作	按原理图装接电路	20 分	电路装接符合工艺规范；布局合理；走线美观	装接不规范，每处扣 1 分；电路接错，每处扣 5 分；布局不合理，走线不美观，酌情扣分	
电路的调试	1. 中点电位的调整； 2. 静态工作点的调节与测量； 3. 自举电路的研究	40 分	会调整中点电位；会调节静态工作点，以消除交越失真；会测量静态工作点；会分析自举电路的作用	中点电位调整不合理，扣 10 分；静态工作点调节不当，扣 10 分；静态工作点测量与处理错误，每次扣 2 分；自举电路分析错误，扣 10 分	
合计		100 分			
注：各项配分扣完为止					

七、任务思考

(1) 交越失真产生的根源是什么？怎样克服交越失真？

(2) 写出本次实训的心得体会。

知识拓展

一、甲类功率放大电路的分析

1. 电路组成及工作原理

如图 2－5－7 所示，V 为功率放大管，R_{b1}、R_{b2} 和 R_e 为分压式电流负反馈偏置电路，C_e 为射极旁路电容，R_L 为负载电阻，T_1 和 T_2 为输入、输出变压器，统称为耦合变压器。

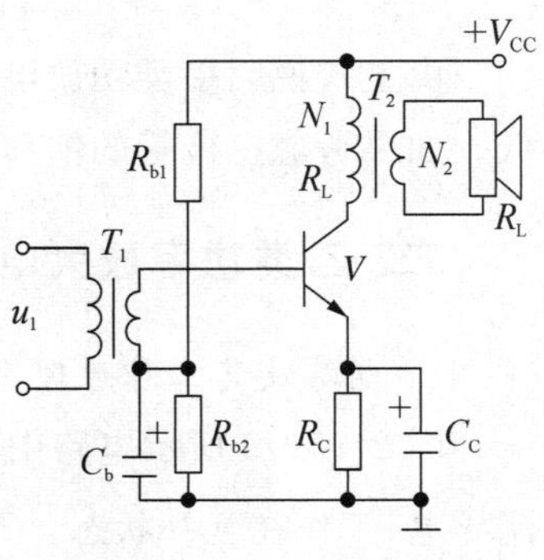

图 2－5－7　单管变压器耦合功放

耦合变压器的作用，一是隔断直流耦合交流信号，二是阻抗变换，使功率管获得最佳负载电阻 R_L'，以便向负载 R_L 提供最大功率。

最佳负载电阻为：

$$R'_L = n^2 R_L$$

式中，$n=\dfrac{N_1}{N_2}$ 是变压器的匝数比。合理选择 n，可得管子最佳负载电阻 R'_L。

当 $u_i=0$，没有信号输入时，电路处于静态，集电极电流 $I_C=I_{CQ}$，由于变压器具有隔直作用，所以次级负载 R_L 上没有电流通过，放大器无信号输出。

当 $u_i\neq0$，有信号输入时，电路处于动态，信号经过变压器 T_1 耦合送入放大器的输入端，产生变化的输入电流，使电路中三极管的集电极输出较大的集电极电流，并通过变压器 T_2 耦合在次级回路中产生功率较大的信号电流，再经负载完成功率放大过程。

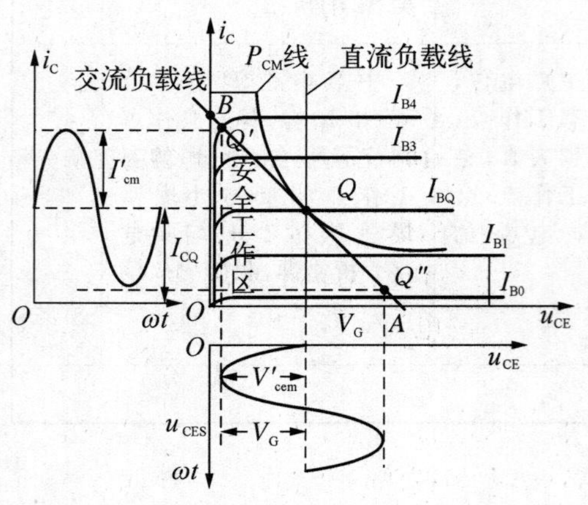

图 2-5-8　单管变压器耦合功放的图解分析

2. 图解法分析甲类功放电路

图解分析如图 2-5-8 所示。

(1) 作直流负载线　过 V_{cc} 点作直流负载线，与 I_{BQ} 之交点，得静态工作点 Q。

(2) 作交流负载线　过 Q 点，作交流负载线 AB。

(3) 画 u_{CE}、i_C 波形。

3. 最大不失真输出功率、理想效率

(1) 最大不失真输出功率

$\because\ P_o = I_C U_{ce} = \dfrac{1}{2} I_{cm} U_{cem}$。

忽略 U_{CES} 和 I_{CEO}，则 $I_{cm}\approx I_{CQ}$，$U_{cem}\approx U_G$

$$\therefore\quad P_{om} = \frac{1}{2} I_{CQ} U_G$$

(2) 理想效率

$$\because\quad P_V = I_{CQ} U_G$$

$$\therefore\quad \eta_m = \frac{P_{om}}{P_V}\times 100\% = \frac{\frac{1}{2} I_{CQ} U_{cc}}{I_{CQ} U_{cc}}\times 100\% = 50\%$$

由上式说明甲类功放电路的最大不失真输出功率为电源提供功率的一半，而效率很低。如果考虑三极管的饱和压降和穿透电流，那么电路的效率还要更低。

二、乙类功率放大电路的分析

1. 电路及其工作原理

图 2-5-9 所示电路中，V_1、V_2 为功率放大管，组成对管结构。在一个信号周期内，轮流导电，工作在互补状态。T_1 为输入变压器，作用是对输入信号进行倒相，产生两个大小相等、极性相反的信号电压，分别激励 V_1 和 V_2。T_2 为输出变压器，作用是将 V_1、V_2 输出信号合成完整的正弦波。

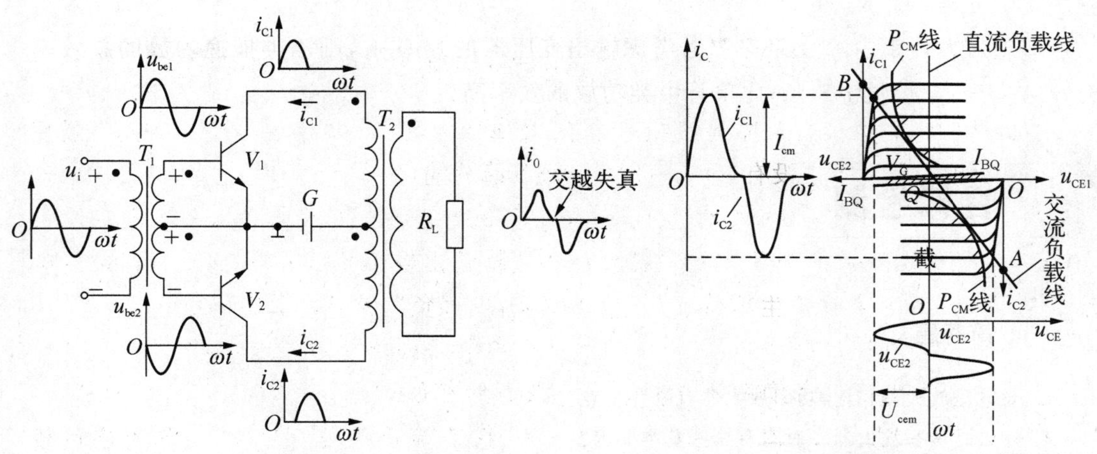

图 2-5-9　乙类推挽功率放大器及其波形　　　　图 2-5-10　乙类推挽功放电路的图解分析

工作原理：输入信号 u_i经 T_1耦合，次级得两个大小相等、极性相反的信号。在信号正半周，V_1导通（V_2截止），集电极电流 i_{C1}经 T_2耦合，负载上得到电流 i_o正半周；在信号负半周，V_2导通（V_1截止），集电极电流 i_{C2}经 T_2耦合，负载上得到电流 i_o负半周。即经 T_2合成，负载上得一个放大后的完整波形 i_o。

2. 输出功率和效率

由于两管特性相同，工作在互补状态，因此图解分析时，常将两管输出特性曲线相互倒置，如图 2-5-10 所示。

(1) 作直流负载线，求静态工作点　静态时，管子截止 $I_{BQ}=0$，当 I_{CEO}很小时，$I_{CQ}\approx0$。过点 V_{cc}作 u_{CE}轴垂线，得直流负载线。它与作 $I_{BQ}=0$ 特性曲线的交点 Q，即为静态工作点。

(2) 作交流负载线，画交流电压和电流幅值　过点 Q 作斜率为 $-1/R_L'$的直线 AB，即交流负载线。其中 R_L'为单管等效交流负载电阻。在不失真情况下，功率管 V_1、V_2最大交流电流 i_{C1}、i_{C2}和交流电压 u_{CE1}、u_{CE2}波形如图 2-5-10 所示。

3. 电路最大输出功率

若忽略管子 U_{CES}，交流电压和交流电流幅值分别为：

$$U_{cem}=U_{cc}；\qquad I_{cm}=\frac{U_{cc}}{R_L'}$$

则最大输出功率：

$$P_{om}=\frac{1}{2}\left(\frac{U_{cc}}{R_L'}\right)U_{cc}=\frac{U_{cc}^2}{2R_L'}$$

即：

$$P_{om}=\frac{U_{cc}^2}{2R_L'}$$

式中，在输出变压器的初级匝数为 N_1，次级匝数为 N_2时，R_L'应为：

$$R_L'=\left[\frac{\frac{1}{2}N_1}{N_2}\right]^2\cdot R_L=\frac{1}{4}n^2R_L$$

式中 $n = N_1/N_2$。

理想最大效率为 $\eta_m = 78\%$。若考虑输出变压器的效率 η_T，则乙类推挽功放的总效率为 $\eta' = \eta_T \eta_m$，大约为 60%，比单管甲类功放的效率高。

目标检测

一、简答题

1. 与电压放大器相比，功率放大器有哪些特点？

2. 什么是功率放大器？对它有哪些基本要求？

3. 按照功放管的工作状态分类，功率放大电路可分为哪几类？各有何特点？

4. 什么是 OCL 电路？什么是 OTL 电路？它们各有什么优缺点？

5. 有同学认为："在功率放大电路中，输出功率最大时，功放管的功率损耗也最大。"这种说法对吗？设输入信号为正弦波，对于工作在甲类的功率放大输出级和工作在乙类的互补对称功率输出级来说，这两种功放分别在什么情况下管耗最大？

6. 图 2-5-11 所示是乙类推挽功率放大电路的几种输出电压的波形，试分析产生这几种现象的原因。

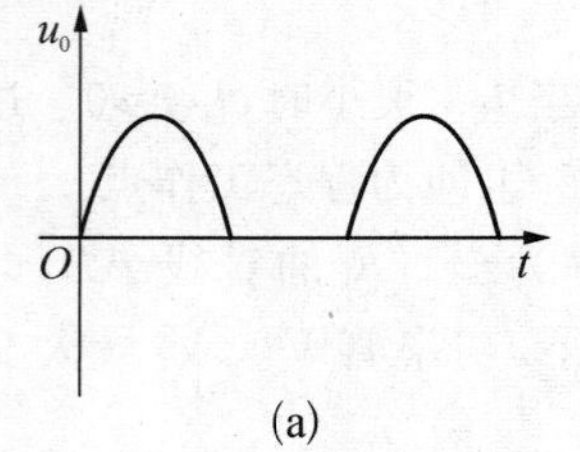

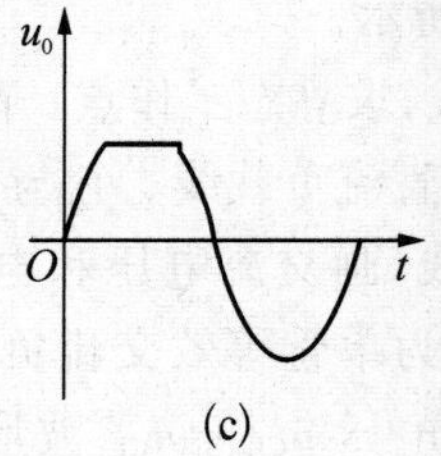

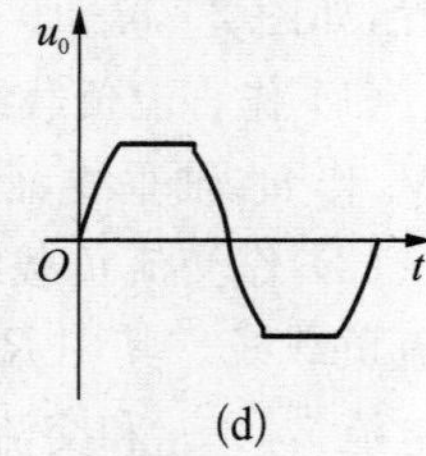

图 2-5-11　乙类推挽功率放大电路

图 2-5-12　功效电路

7. 如图 2-5-12 所示功放电路，试分析：

(1) 静态时，A 点电位是多少？通过什么来调节？

(2) 电位器 R_4 的作用是什么？

(3) 电路中 C_2、R_3 的作用是什么？如果去掉会有什么现象？

(4) 如果 $V_{CC} = 24$ V，$R_L = 8\ \Omega$，则最大不失真输出功率是多少？

8. 已知某 OCL 推挽功放电路，负载电阻 $R_L = 8\ \Omega$，电源电压 $V_{CC} = 16$ V，试求电路的最大不失真功率和最大集电极电流。

任务六　制作与调试简易扩音器

知识准备

一、集成电路及其种类

集成电路是把三极管、必要的元器件以及连接导线集中制造在一小块半导体基片上而形成具有某种功能的器件。由于集成电路元器件密集度高、引线短、外部焊点和接线少，从而使电子设备体积缩小、重量减轻、工作可靠性提高、安装更加灵活与方便，成本大为降低，为电子技术的应用开辟了一个崭新的时代。

集成电路的家族庞大、种类很多。一般按它实现的功能、制作工艺、集成度（一块基片上所制作出的电子元器件数量）以及封装形式等来分类。

1. 按集成电路的功能分类

有模拟集成电路、数字集成电路和模数混合集成电路等。

2. 按集成电路的制作工艺分类

有半导体集成电路、膜集成电路以及混合集成电路等。其中，半导体集成电路应用最为广泛，根据导电类型的不同，又将它分为双极型（放大元件是三极管）和单极型（放大元件是场效应管）两类。

3. 按集成电路的封装外形分类

有圆壳式、单列直插式、扁平式以及双列直插式四类。各类集成电路的封装外形如图 2-6-1 所示。

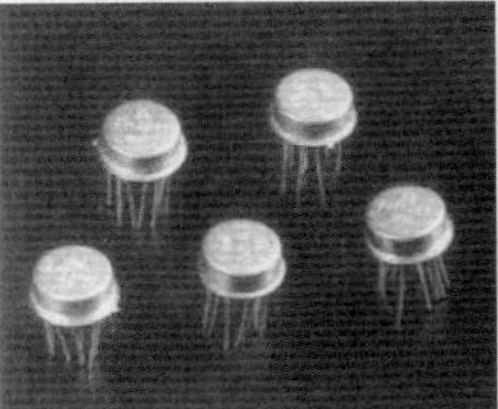

(a) 圆壳式

(b) 单列直插式

(c) 扁平式

(d) 双列直插式

图 2-6-1　集成电路封装外形

4. 按集成电路的集成度分类

有 1～10 等效门/片或 10～100 个元件/片的小规模集成电路(SSI)、10～100 等效门/片或 100～1 000 个元件/片的中规模集成电路(MSI)、10^2～10^4 个等效门/片或 10^3～10^5 个元件/片的大规模集成电路(LSI)、10^4 个以上等效门/片或 10^5 个以上元件/片的超大规模集成电路(VSI)。

二、集成功率放大器及其应用

集成功率放大器具有体积小、工作稳定、易于安装和调试的优点，了解其外特性和外电路的连接方法，就能组成各种实用电路，因而应用广泛。下面举例介绍几种常用的集成功率放大器。

1. LM386 及其应用

(1) LM386 简介　LM386 是小功率音频集成功放。其外形如图 2－6－2(a)所示，采用 8 脚双列直插式塑料封装，其引脚排列如图 2－6－2(b)所示。当输入信号从 2 脚输入时，构成反相放大器；从 3 脚输入时，构成同相放大器。其每个输入端的输入阻抗都为 50 kΩ，对地直流电位接近于 0。其额定工作电压为 4～16 V，电源电压为 6 V 时，静态工作电流为 4 mA，很适合用电池供电；在 1、8 脚之间外接电阻、电容元件可调节电压增益；频响范围较宽，可达数百千赫；最大允许功耗为 660 mW(25℃)，且不需散热片。工作电压为4 V，负载电阻为 4 Ω 时，输出功率(失真为 10%)是 300 mW；工作电压为 6 V，负载电阻为 4 Ω、8 Ω、16 Ω 时，输出功率分别是 340 mW、325 mW、180 mW。

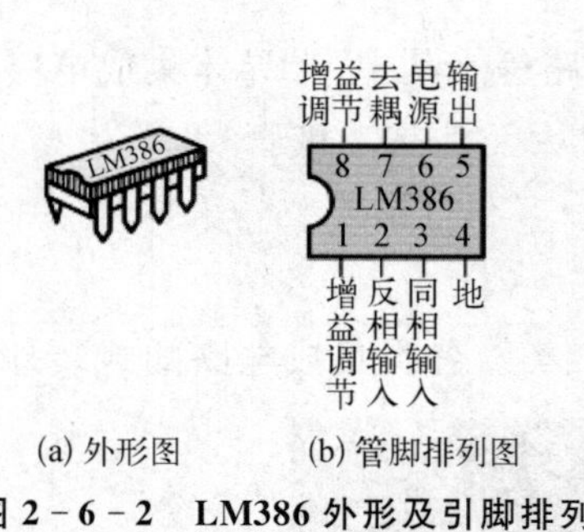

图 2－6－2　LM386 外形及引脚排列

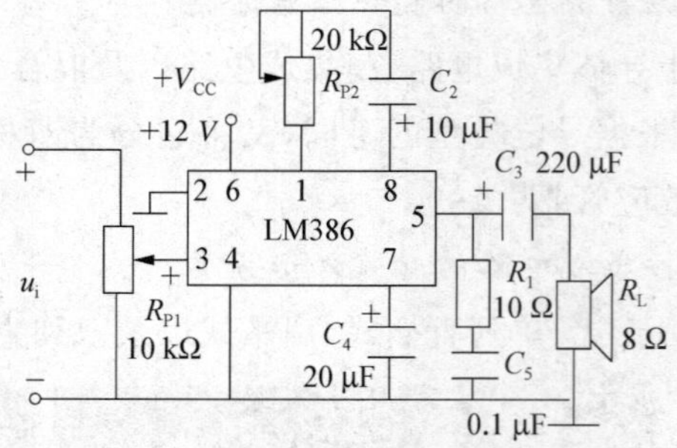

图 2－6－3　用 LM386 组成的 OTL 电路

(2) 用 LM386 组成 OTL 应用电路　图 2－6－3 所示为用 LM386 组成的 OTL 应用电路。2 脚接地，信号从同相输入端 3 脚输入；5 脚通过 220 μF 电容向扬声器 R_L 提供信号功率；7 脚接 20 μF 去耦电容，也可不用；1、8 脚之间接 10 μF 电容和 20 kΩ 电位器，用来调节增益，电阻越小，电压增益越大，这两脚间也可开路使用。5 脚所接电阻、电容串联网络是为防止电路自激振荡，常可省去，即 LM386 作音频功放时，最简单电路只需外接输出电容和扬声器。如需要更高增益，可在 1、8 脚之间再接一只 10 μF 的电容。

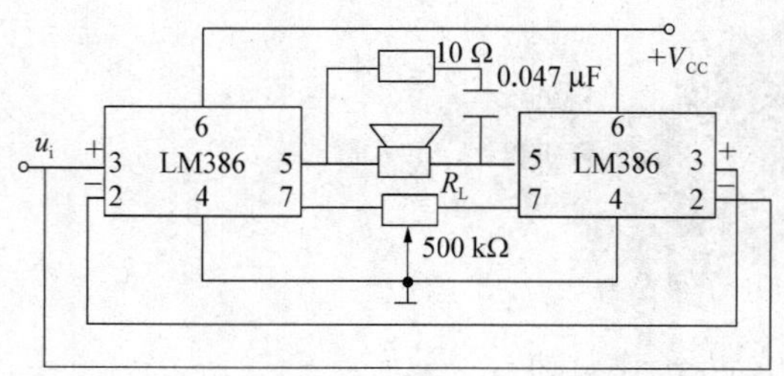

图 2－6－4　用 LM386 组成 BTL 电路

(3) 用 LM386 组成 BTL 应用电路　如图 2－6－4 所示为用 LM386 组成的 BTL 电

路。两集成功放 LM386 的 4 脚接地，6 脚接电源，3 脚与 2 脚互为短接，输入信号从一组（3 脚和 2 脚）输入，负载 R_L 接在两 5 脚之间。BTL 电路的输出功率一般为 OTL、OCL 的四倍，是目前大功率音响电路中较为流行的音频放大器。图中电路最大输出功率可达 3 W 以上。其中 500 kΩ 电位器用来调整两集成功放输出直流电位的平衡，一般情况下输出端电位相差不大，该电位器可省去。

2. TDA2030 及其应用

(1) TDA2030 简介　TDA2030 是一种质量较好的超小型 5 引脚单列直插式塑封集成音频功放。它的特点是外引脚和外接元件少；瞬态失真低，频响较宽；内部有完善的过载保护电路，输出过载时不会损坏；可单电源使用，也可双电源使用；单电源使用时，散热片可直接固定在金属板上与地线相连，十分方便。因此，这种集成功放常被用在高保真组合音响中。

TDA2030 外形及引脚如图 2-6-5(a)所示。其电源电压范围为±6～±18 V，静态电流小于 60 μA，频响为 10 Hz～140 kHz，谐波失真小于 0.5%。在电源电压为±14 V，负载为 4 Ω 时，输出功率为 14 W。

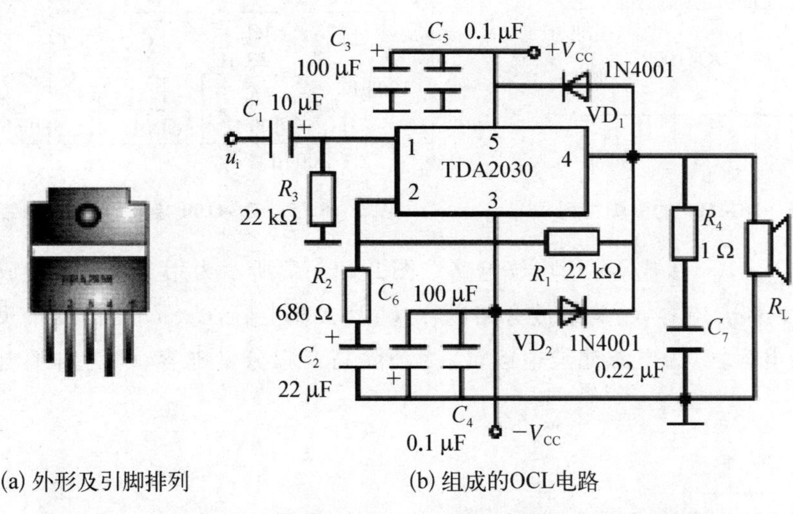

(a) 外形及引脚排列　　(b) 组成的OCL电路

图 2-6-5　TDA2030 的外形、引脚排列及组成的 OCL 电路

(2) 用 TDA2030 接成 OCL 功放电路　图 2-6-5(b)所示为用 TDA2030 接成的 OCL 应用电路。V_1、V_2 组成电源极性保护电路，防止电源极性接反损坏集成功放。C_3、C_5 与 C_4、C_6 为电源滤波电容，100 μF 电容并联 0.1 μF 电容是为了消除 100 μF 电解电容的电感效应。C_1 是输入耦合电容；R_3 是 TDA2030 同相输入端偏置电阻；C_2 起隔直流作用；R_1、R_2 为交流负反馈电阻，其比值决定该电路的闭环增益，即电路的闭环增益为 $(1+R_1/R_2)=(1+22/0.68)=33.4$；$R_4$、$C_7$ 为高频消振电路，避免扬声器产生高频啸叫，确保音质效果。

3. DG4100 及其应用

(1) DG4100 简介　DG4100 系列低频集成功放是单片式集成 OTL 互补对称功放，特别适合在低压下工作，输出功率是 1.0 W。它由单电源供电，推荐电源电压为 6 V，输入及输出均通过耦合电容与信号源和负载相连，负载电阻为 4 Ω。

DG4100的引脚排列如图2-6-6所示。1脚为输出端,使用时该端要外接一个大电容和负载电阻,以构成OTL功率放大器。2、3脚为电源接地和衬底接地端,使用时这两个引脚接通,作为公共接地端。4、5脚为消振补偿端,使用时需外接补偿电容;6脚为反馈端,使用时在该脚与地之间接入一个R、C串联网络,构成深度负反馈;7脚为空脚;8脚为偏流端;9脚为信号输入端;10脚为纹波抑制端,使用时可根据需要接入旁路电容;12脚为去耦端,使用时可接去耦电容;13脚为自举端,使用时在该端与1脚之间接入自举电容,以使该电路具有自举功能;14脚为电源端,使用时,该端接电源正极,并需外接一只滤波电容。

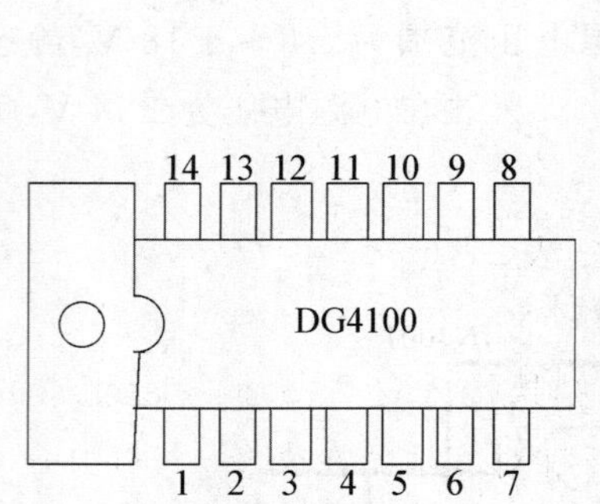

图2-6-6 DG4100的引脚排列

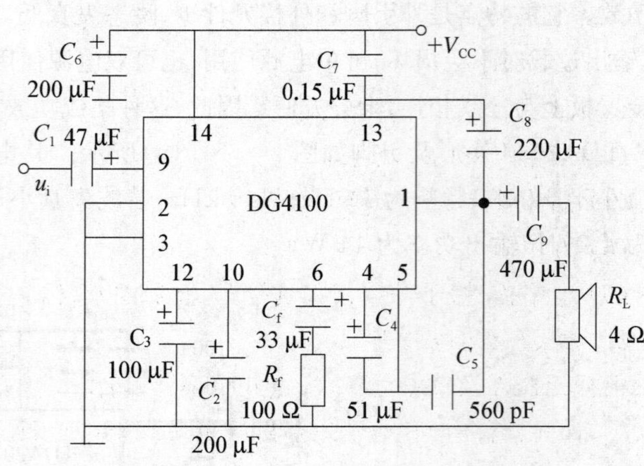

图2-6-7 DG4100接成的OTL电路

(2) 用DG4100接成OTL功放电路 图2-6-7所示为用DG4100接成的OTL电路。C_1为输入耦合电容,C_2为纹波旁路电容,C_3为去耦电容,C_f、R_f为深度负反馈网络,C_5和C_4为消振电容,C_6为电源滤波电容,C_7为消除高音频分量电容,C_8为自举电容,C_9为输出耦合电容。

任务实施

一、任务布置

(1) 按照所给原理图设计好安装接线图并进行组装与焊接。

(2) 按照要求完成所有测试内容。

(3) 写出本次制作的心得体会。

二、任务目标

(1) 通过扩音器电路的安装与调试,进一步熟悉典型集成功放器件的性能和使用常识,熟悉电子电路装接工艺的要求。

(2) 熟练使用示波器、函数信号发生器、双路直流稳压电源、晶体管毫伏表、万用表等仪器设备。

三、认识电路

电路如图 2-6-5(b)所示,相关解释说明前已表述,不再重复,请同学们自己查看。

四、电路制作

1. 制作设备

(1) 双踪示波器 1 台。

(2) 函数信号发生器 1 台。

(3) 双路直流稳压电源 1 台。

(4) 晶体管毫伏表 1 只。

(5) 万用表 1 只。

(6) 电烙铁、镊子等装接工具一套,元器件及材料一套(表 2-6-1)。

2. 清点与检测元器件

根据元器件及材料清单,清点并检测元器件。将测试结果填入表 2-6-1 中,正常的填"√",如元器件有问题,及时提出并更换。将正常的元器件对应粘贴在表 2-6-1 中。

表 2-6-1 装接音频功放电路的元器件及材料清单

序号	名 称	型号规格	数量	配件图号	测试结果	元件粘贴区
1	电阻器	22 kΩ	2 个	R_1		
2				R_3		
3	电阻器	680 Ω	1 个	R_2		
4	电阻器	1 Ω	1 个	R_4		
5	电解电容器	1 μF/50 V	1 个	C_1		
6	电解电容器	22 μF/50 V	1 个	C_2		
7	电解电容器	100 μF/50 V	2 个	C_3		
8				C_6		
9	电容器	0.1 μF/50 V	2 个	C_4		
10				C_5		
11	电容器	0.22 μF/50 V	1 个	C_7		
12	二极管	1N4001	2 只	VD_1		
13				VD_2		
14	功放集成块	TDA2030	1 块			
15	扬声器	8 Ω/4W	1 只			
16	松香、焊锡丝、导线等		若干			

3. 依据所给原理图 2-6-5(b)设计电路安装接线图

要求：

(1) 电路布局合理。

(2) 走线美观。

(3) 连线要横平竖直。

(4) 尽量少用短接线。

(5) 电路不要有交叉线。

4. 焊接

根据各自所设计的安装接线图进行焊接组装电路。

5. 注意事项

(1) 电路的插装、焊接要严格执行工艺规范。

(2) 电解电容正负极性不能接反。

(3) TDA2030 的电源极性不能接反。

(4) 元件的焊接良好。

五、电路测试

1. 静态测试

加入电源电压$+V_{CC}=8$ V，$-V_{CC}=-8$ V,用万用表检测 TDA2030 各管脚电压,1 脚电压为________V,2 脚电压为________V,3 脚电压为________V,4 脚电压为________V,5 脚电压为________V。

2. 动态测试

输入$U_{ipp}=50$ mV，$f=1$ kHz 的正弦波信号,用示波器测负载R_L两端输出电压$U_{opp}=$________V,求$A_u=\frac{U_{opp}}{U_{ipp}}=$________;用毫伏表测负载$R_L$两端输出电压$u_o=$________V,求负载$R_L$两端的输出功率$P_o=$________W。

六、任务考核(表 2-6-2)

表 2-6-2　简易扩音器的制作与调试考核表

项　目	内　容	配分	考核要求	扣分标准	得分
实训态度	1. 实训的积极性； 2. 安全操作规程的遵守情况； 3. 纪律遵守情况	30 分	积极参加实训,遵守安全操作规程和劳动纪律,有良好的职业道德和敬业精神	违反安全操作规程扣 30 分,其余不达要求酌情扣分	
元器件的识别与检测	1. 识别元器件； 2. 用万表检测元器件	10 分	能正确识别元器件;会用万用表检测元器件	不能识别元器件,每个扣 1 分;不会检测元器件,每个扣 1 分	

续 表

项 目	内 容	配分	考 核 要 求	扣分标准	得分
电路的制作	按原理图装接电路	20分	电路装接符合工艺规范；布局合理；走线美观	装接不规范，每处扣1分；电路接错，每处扣5分；布局不合理，走线不美观，酌情扣分	
电路的测试	1. 静态参数测试； 2. 动态参数测试	40分	会测试各管脚的静态电压；会测试输出电压的峰值及有效值	静态电压测试不合理，每处扣4分；输出峰值电压测试不合理，扣10分；输出有效值测试不合理，扣10分	
合 计		100分			
注：各项配分扣完为止					

七、任务思考

（1）功放电路的输出功率取决于哪些因素？

（2）写出本次实训的心得体会。

知识拓展

功率放大电路的分析设计方法

1. 电路组成结构的设计

根据题目设计要求，供选择的功率放大器可由分立元件组成，也可由集成电路完成。由分立元件组成的功放，如果电路选择得好，参数恰当，元件性能优越，且制作和调试得好，则性能很可能高过较好的集成功放。许多优质功放均是分立功放。但其中只要有一个环节出现问题或者搭配不当，则性能很可能低于一般集成功放。为了不至于因过载、过流、过热等损坏还得加上复杂的保护电路。现在市场上有许多性能优异的集成功放芯片，如TDA2040A、LM1875、TDA1514等。集成功放具有工作可靠，外围电路简单，保护功能较完善，易制作调试等优点，虽不及顶级功放的性能，但满足并超过本设计的要求是没有问题的。功放电路组成结构如图2-6-8所示。

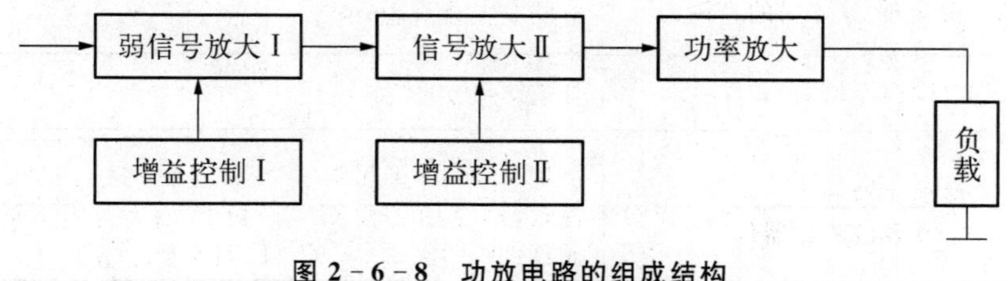

图2-6-8 功放电路的组成结构

2. 电路原理图的设计

(1) 前置放大级设计　前置放大级主要完成小信号的电压放大任务，其失真度和噪声对系统的影响最大，是应该优先考虑的指标。

(2) 功率放大级设计

① 选择功率末级的推动管和输出管。

② 功率放大器各管的工作点。

③ 要做到尽量小的失真。

3. 根据具体电路图计算电路参数

4. 元器件的选型

选取元件、识别和测试。包括各类电阻、电容、变压器的数值、质量、电器性能的准确判断、解决大功率放大器散热的问题。

5. 电路的装接与调试

6. 电路性能检测

(1) 测量输出电压放大倍数 A_u。

(2) 测量允许的最大输入信号(1 kHz)和最大不失真输出功率。

(3) 测量上、下限截止频率 f_H 和 f_L。

7. 设计文档的编写

目标检测

一、简答题

1. 什么是集成电路？集成电路按集成度可分为哪几类？

2. 查阅资料，识读表 2-6-3 中所列各集成功放的型号，并了解各集成功放的主要技术参数。

3. 查阅资料，识读表 2-6-3 中所列各集成功放的引脚，填写表 2-6-3。

表 2-6-3　集成功放的引脚号与引脚功能

型　　号	引脚号与引脚功能
TDA7294	
LM1876	
LM386N-1	
LM3886	
LM478	

4. 在图 2-6-9 中画出 TDA7294 和 LM3886 的引脚排列。

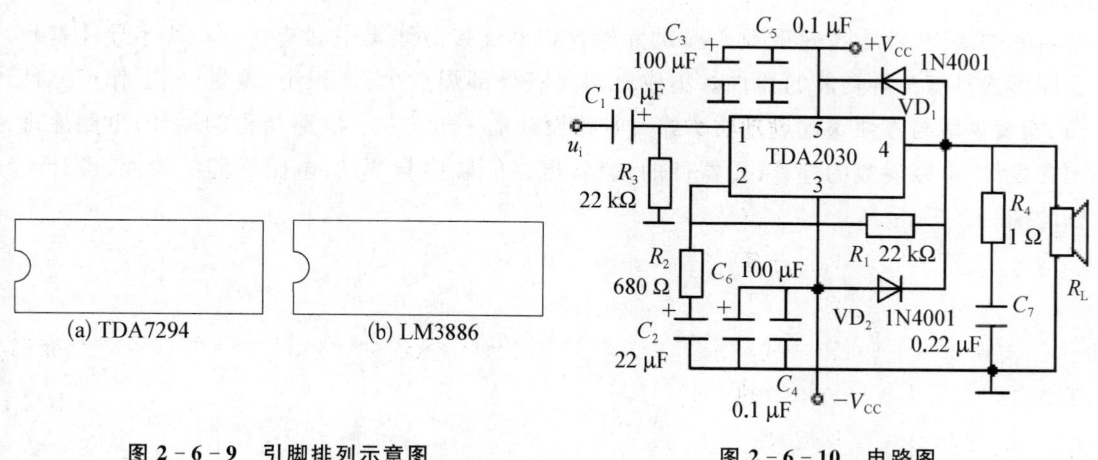

图 2-6-9　引脚排列示意图

图 2-6-10　电路图

5. 指出图 2-6-10 所示电路的类型，并说明下列元器件的作用。

(1) VD_1、VD_2。

(2) R_4、C_7。

(3) C_4、C_5。

(4) 若负载电阻 $R_L = 8\ \Omega$，电源电压 $V_{CC} = 12\ V$，试求电路的最大不失真功率。

项目小结

1. 单级低频小信号放大电路是最基本的放大电路，表征放大器的放大能力是放大倍数，即电压、电流和功率三种的放大倍数。放大器常采用单电源电路。要不失真地放大交流信号，必须使放大器设置合适的静态工作点，以保证三极管放大信号时，始终工作在放大区。

2. 共发射极电路是放大器中常用的单元电路，其输出电压和输入电压是反相的。为了稳定静态工作点，常用分压式偏置放大电路。

3. 共集电极放大电路又称射极输出器，它的特点是：输入阻抗高、输出阻抗低，电压放大倍数略小于 1，电压跟随性好，而且具有一定的电流放大能力和功率放大能力。

4. 反馈是指将放大器输出量的部分或全部通过一定的方式送回到输入端，与输入信号一起控制放大器的过程。负反馈对放大器的性能影响有：放大倍数的稳定性提高；展宽了通频带；减小了非线性失真；改变了输入电阻和输出电阻。

5. 功率放大电路的主要任务是不失真地放大信号功率。常用的功放电路按功放管的工作状态不同可分为甲类、乙类和甲乙类；按输出端的特点分类有 OCL、OTL、BTL。OCL、OTL 是常用的两种互补对称式的功放电路，它们都是采用两只互补管交替导通完成信号的放大。为了克服交越失真，应设置好电路的静态工作点，使功放管工作在甲乙类状态。

6. 集成电路是把三极管、必要的元器件以及连接导线集中制造在一小块半导体基片上而形成具有某种功能的器件。集成电路具有外部焊点少、体积小、重量轻、工作可靠性高、安装灵活与方便等优点。功率放大电路设计的一般方法：电路结构的设计；电路原理图的设计；电路参数的计算；元器件的选型；电路的装接与调试；电路性能的检测；设计文档的编写。

项目三 制作与调试门铃电路

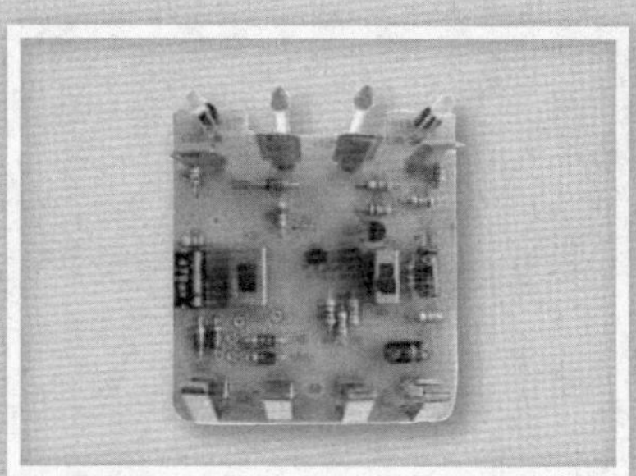

项目介绍

本项目以门铃制作为核心，利用分立元件，依托基础电路，通过学生自己动手操作完成门铃电路的制作、调试。在制作、调试过程中，巩固电子元器件的使用，理解基本电路的工作原理。

门铃的基本要求是室外的人按下门铃按钮开关，室内的人能听到一种声音。

项目中有三个任务，任务一为振荡电路，任务二为开关延时电路，任务三则是以任务一、二为基础组建的简单门铃电路。具体结构如图 3－0－1 所示。

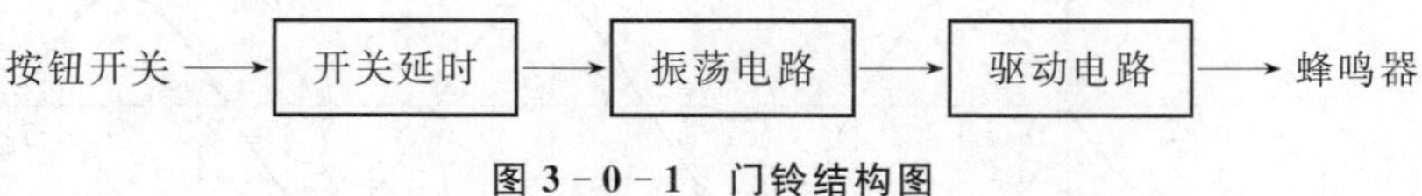

图 3－0－1　门铃结构图

学习目标

- 巩固常用基本电子元器件(电阻、电容、晶体管)的识别和使用。
- 解了晶体管的开关、放大特性及其应用。
- 提高学生元器件整形和手工焊接的能力。
- 学习电路调试的方法和常用电子仪器仪表的使用。
- 通过制作、调试,测量过程中探索开关延时电路、振荡电路的规律,最后通过自己的创新、开发,设计制作简单门铃电路。

任务一　制作与调试 RC 正弦波振荡电路

知识准备

一、周期性信号

周期性信号是按固定规律连续重复出现的电压或电流,如工频交流电。

二、振荡电路

在无外来信号作用的条件下,直接将直流电能转换成具有一定频率、一定波形和一定振幅的交流电能的电路称为振荡电路(振荡器)。

振荡器按产生信号的波形不同,可分为正弦波振荡器[图 3-1-1(a)]和非正弦波振荡器[图 3-1-1(b)]。

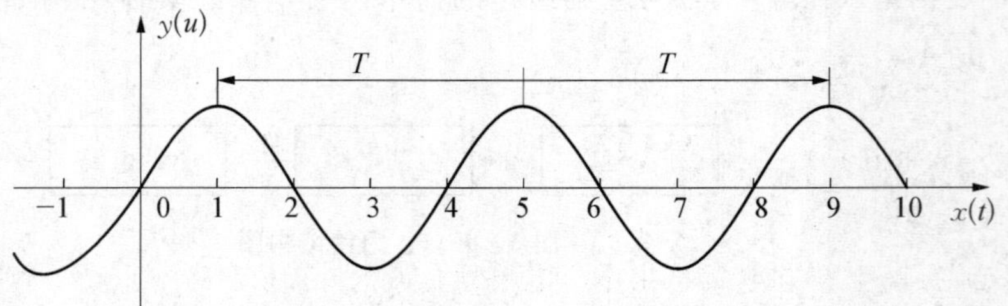

(a)　正弦(交流电电压)波

图 3-1-1-1　振荡器波形-1

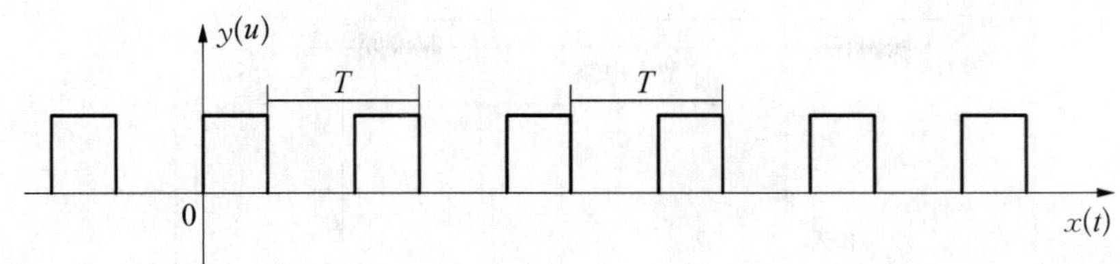

（b）　矩形波

图 3－1－1－2　振荡器波形－2

振荡电路主要应用在逆变电路、混频电路、时钟电路中。

1．正弦波振荡电路

正弦波振荡器是指在没有输入信号的条件下自动产生一定频率和幅度的王弦波电路。

正弦波振荡电路的组成是一个带选频网络的正反馈放大电路，如图 3－1－2 所示。

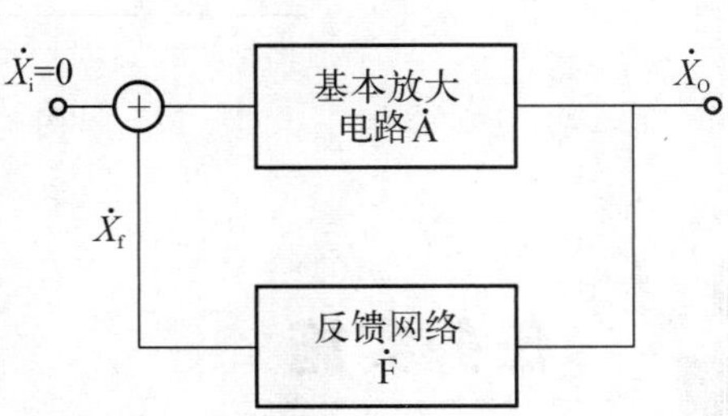

图 3－1－2　正弦波振荡电路的组成

正弦波振荡电路要能可靠稳定地工作，在具备选频网络的基础上必须具备两个基本条件：

（1）正反馈网络。

（2）基本放大电路（A_u要适中）。常见的正弦波振荡电路有 LC 振荡电路、RC 振荡电路、晶体振荡器，如图 3－1－3 所示。

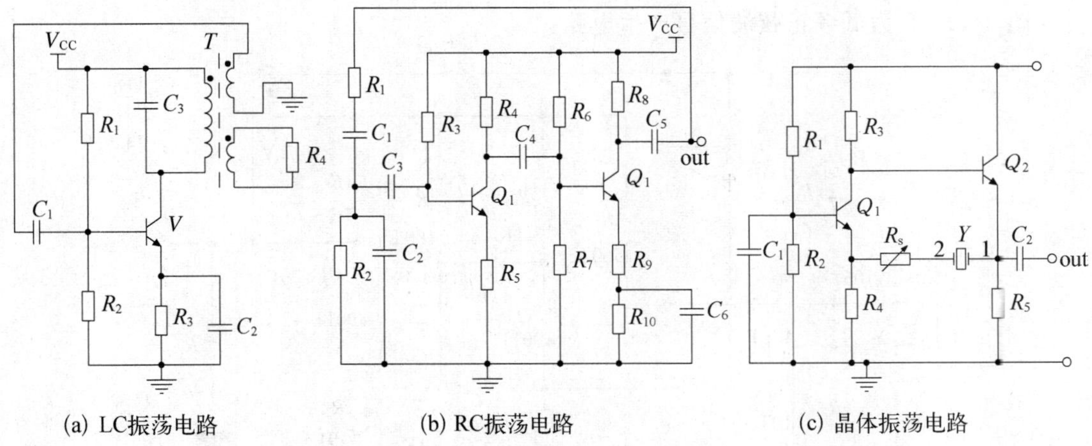

图 3－1－3　常见的正弦波振荡电路

2．RC 正弦波振荡电路

RC 正弦波振荡电路选频网络由 RC 电路组成，主要有桥式振荡电路、双 T 网络式振荡电路和移项式振荡电路。RC 桥式振荡电路如图 3－1－4 所示。

电路主要由正反馈选频网络和放大电路组成。

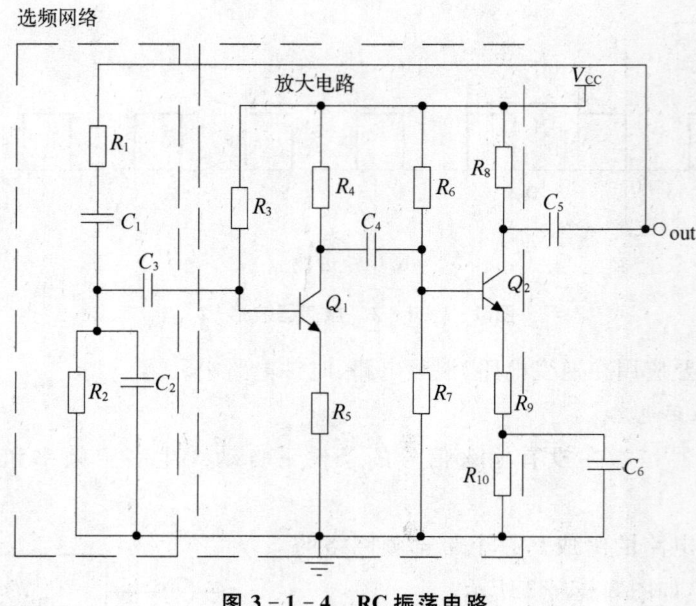

图 3-1-4 RC 振荡电路

任务实施

一、认识典型 RC 正弦波振荡电路

图 3-1-5 为低频正弦波信号产生电路：

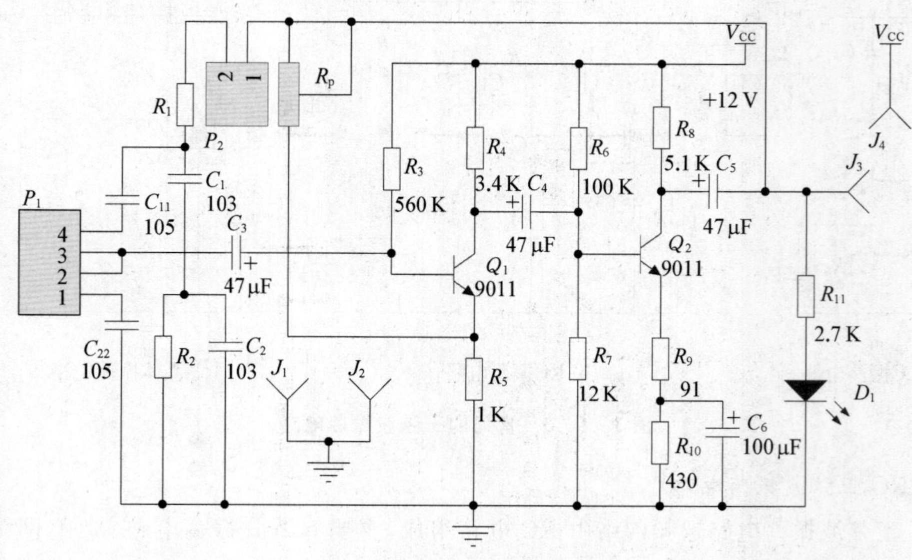

图 3-1-5 RC 振荡电路

RC 振荡电路的振荡频率一般不高，在 1 kHz 左右。上述电路中 P_1、P_2 为排针组成的短路开关，通过短路帽实现 C_{11} 与 C_1 和 C_{22} 与 C_2 的并联及正反馈的接入与断开，达到改变频率的实现振荡目的。正反馈选频网络由 RC 电路组成，串、并联部分参数要对称。调节 R_{p_1} 可使输出波形稳定、减小失真。

二、设计安装图

1. 方案一

按图 3－1－6 所示的电路板组装电路。

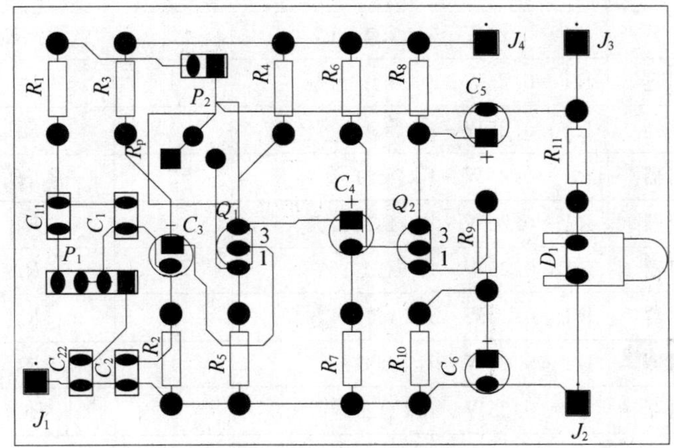

图 3－1－6　电路板

2. 方案二

根据电路原理图，结合方案一中图 3－1－6，用图 3－1－7 万能板搭建电路。

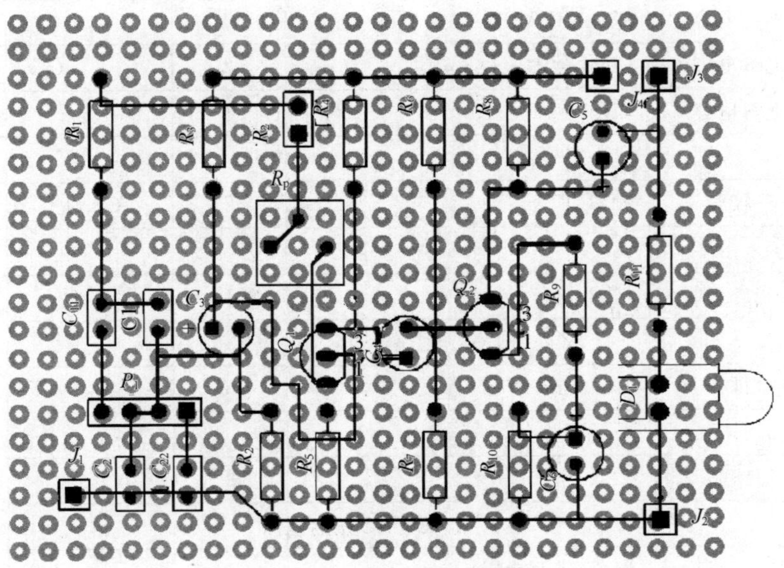

图 3－1－7　万能板

三、电路焊接

(1) 元器件的选择、测试　根据表 3－1－1 中的元器件清单表，结合原理图，从元器件袋中选择合适的元器件（表 3－1－2）。清点元器件的数量、目测元器件有无缺陷，亦可用万用表对元器件进行测量，正常的在表格的“清点结果”栏填上“√”。目测印制电路板（或万能板）有无缺陷。

表 3－1－1　元器件清单

序号	名　称	型　号　规　格	数量	配件图号	清点结果
1	碳膜电阻器	RT－0.25W－510 kΩ±1%	2	R_1、R_2	
2	碳膜电阻器	RT－0.25W－560 kΩ±1%	1	R_3	
3	碳膜电阻器	RT－0.25W－3.4 kΩ±1%	1	R_4	
4	碳膜电阻器	RT－0.25W－1 kΩ±1%	2	R_5、R_{11}	
5	碳膜电阻器	RT－0.25W－100 kΩ±1%	1	R_6	
6	碳膜电阻器	RT－0.25W－12 kΩ±1%	1	R_7	
7	碳膜电阻器	RT－0.25W－5.1 kΩ±1%	1	R_8	
8	碳膜电阻器	RT－0.25W－91 Ω±1%	1	R_9	
9	碳膜电阻器	RT－0.25W－430 Ω±1%	1	R_{10}	
10					
11	电位器	3362－1－503(50k)	1	R_P	
12					
13	独石电容	CT4－40 V－103	2	C_1、C_2	
14	独石电容	CT4－40 V－105	2	C_{11}、C_{22}	
15	电解电容	CD11－25 V－47 μF	3	C_3、C_4、C_5	
16	电解电容	CD11－25 V－100 μF	1	C_6	
17					
18	三极管	9013	2	Q_1、Q_2	
19					
20	发光二极管	红/3 mm	1	D_1	
21					
22	单排针	2.54 mm－直	10	J_1－J_4、P_1、P_2	
23					
24	短路帽		3		
25					
26	印制电路板	配套（或万能板）	1		

表 3-1-2　筛选后,未用到的元器件清单

序号	名　　称	型 号 规 格	数量
1			
2			
3			
4			
5			

(2) 根据电子产品装配要求,对元器件进行整形。

本项目中应用到的元器件整形如图 3-1-8、3-1-9 所示。

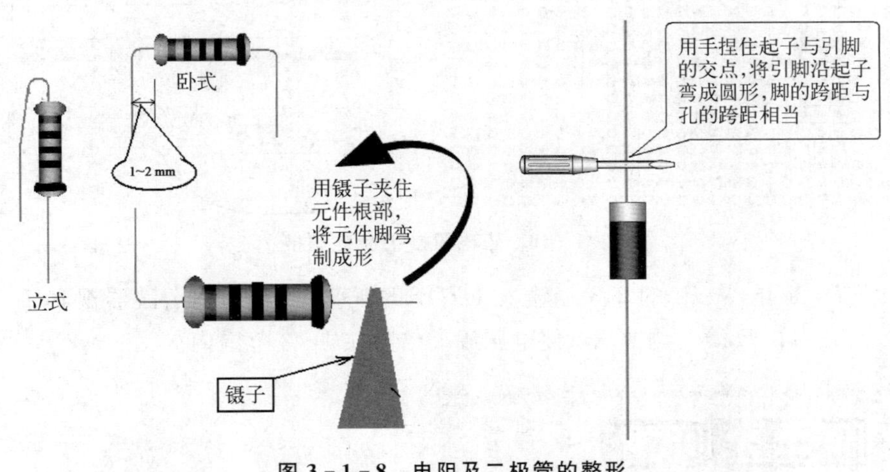

图 3-1-8　电阻及二极管的整形

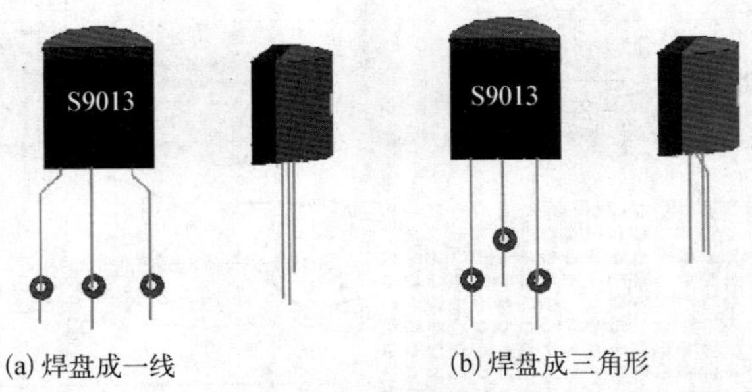

图 3-1-9　三极管的整形

(3) 根据电原理图和设计装配图进行焊接装配。要求不漏装、错装,不损坏元器件,无虚焊、漏焊和搭锡,元器件排列整齐并符合工艺要求。

焊接顺序:

① 10 只电阻。

② 电位器。

③ 独石电容。

④ 单排针、三极管、发光二极管。

⑤ 电解电容。

四、RC 正弦波振荡电路性能测试

装接完毕,检查无误后,将稳压电源的输出电压调整为 9 V±0.1 V。将正电源接到 J_4 上,负电源接到 J_1 上,如图 3－1－10 所示。对电路进行通电试验,如有故障应进行排除,电路正常后进行如下测量。

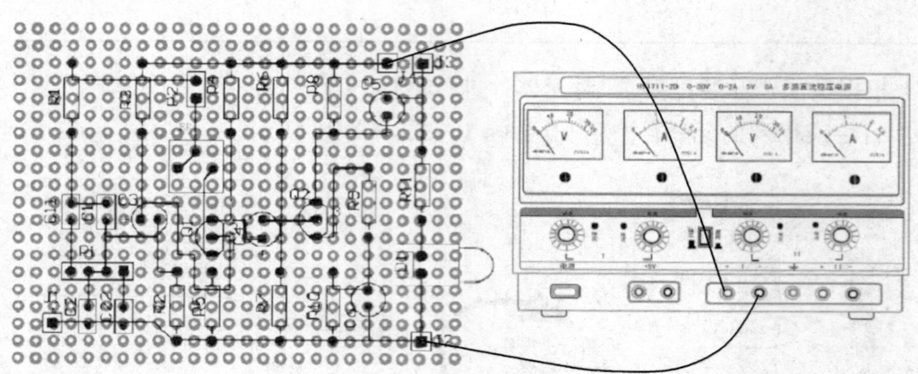

图 3－1－10　正电源接 J_4 负电源接 J_1

(1) 将 P_2 断开,从 P_1 的 2、3 端输入 1 kHz 的正弦波信号,用示波器观察 J_3 点的信号,如图 3－1－11 所示 。调节 R_P,使电压放大倍数在 1～3 范围内。

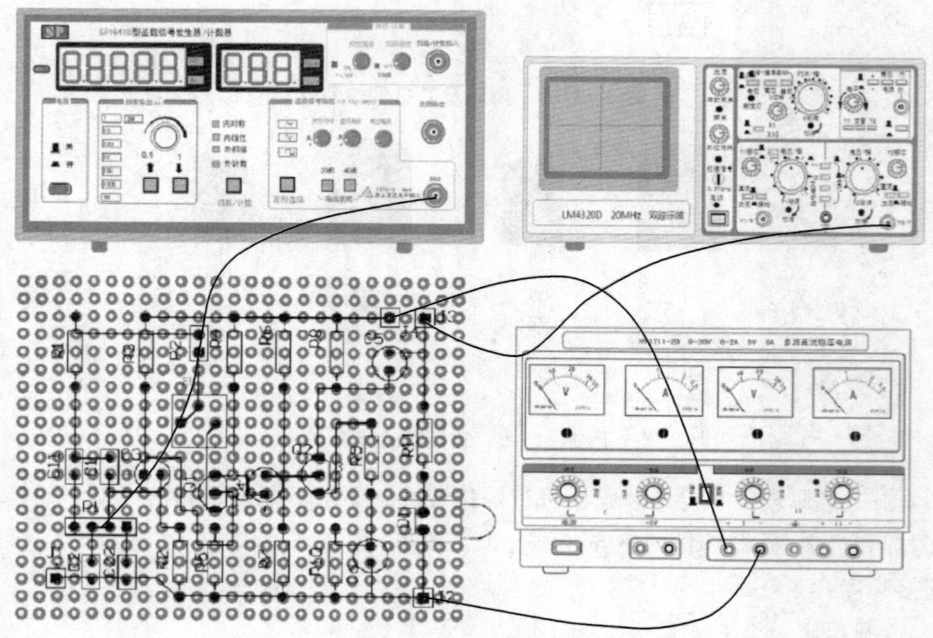

图 3－1－11　观察 J_3 点信号

用短路帽接通 P_2,将 P_1 的 1、2 和 3、4 都断开,如图 3－1－12 所示。示波器探头接

J_3 点(输出端),接地夹接 J_2 端,观察 J_3 点的波形,如观察不到波形,仔细调节 R_{p_1} 直到出现稳定的波形,则其波形为____________波,频率为________,幅度为________。

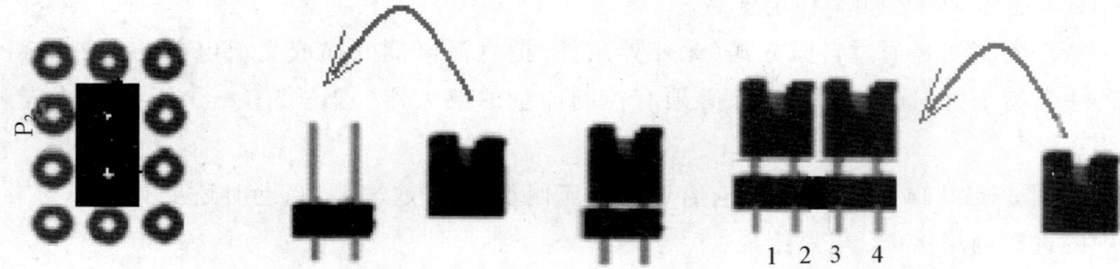

图 3-1-12　将 P_1 的 1、2 和 3、4 断开　　　　图 3-1-13　观察 J_3 点波形

(2) 用短路帽将 P_1 的 1、2 和 3、4 端短路,如图 3-1-13 所示。重新观察 J_3 点的波形,则其波形为____________波,频率为________,幅度为________。

(3) 调节 R_p 在波形不失真的情况下,观察波形的变化情况,R_p 的作用为________。

知识拓展

一、正弦波振荡电路的种类和特点

1. 种类

正弦波振荡电路有 LC 振荡电路、RC 振荡电路、晶体振荡器。

2. 特点

(1) LC 振荡电路的选频网络为 LC 谐振电路,可以产生 1 MHz 以上的高频信号,高频输出功率可达数千瓦。

LC 振荡电路有变压器反馈式、电感三点式和电容三点式,如下图 3-1-14 所示。

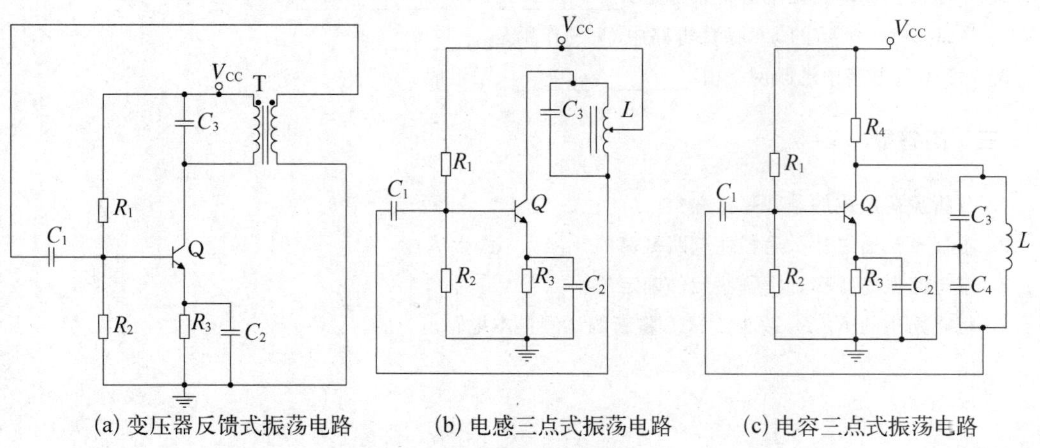

(a) 变压器反馈式振荡电路　(b) 电感三点式振荡电路　(c) 电容三点式振荡电路

图 3-1-14　LC 振荡电路

(2) RC 振荡电路，可以产生 1 Hz 到 1 MHz 的低频信号，选频网络由 RC 元件组成。RC 振荡电路输出功率有限，一般在数瓦以下。

(3) 晶体振荡器频率稳定度高。

振荡器其实是通过自激方式(无外界条件)把直流电能变换成交流电能的一种电路。它的主要特征是：选频放大，它除必须有控制能量的放大器外，还要有一个正反馈的选频网络。

如图 3-1-14 中 Q 必须要有合适的直流偏置，具有放大能力，同时还要有选频网络，图中的选频网络由 LC 电路组成。

二、振荡电路的应用

振荡电路的应用范围比较广，如逆变器、电子仪器(信号发生器)、电热加工与处理设备、电子钟表等。

目标检测

一、选择题

1. 在图 3-1-5 所示的 RC 振荡电路中，Q_2 组成的是 (　　)

A. 固定偏置放大电路　　B. 分压式偏放大电路

C. 正反馈放大电路　　D. 不是放大电路

2. 在图 3-1-5 所示的 RC 振荡电路中，R_P 组成______反馈。 (　　)

A. 电压并联负反馈　　B. 电压串联负反馈

C. 电压并联正反馈　　D. 电压串联正反馈

二、填空题

1. 正弦波振荡电路两个必备条件是：______，______。

2. 图 3-1-5 所示的 RC 振荡电路中 C_6 的作用是______。

3. RC 振荡电路中选频网络由______，______联组成。

三、简答题

1. 分析振荡形成的条件是什么？

2. 本任务是通过什么途径使电路振荡的？

3. 本电路振荡频率是由哪些元件确定的？

4. 将电路中的 R_1、R_2 改为 1 MΩ，重新调试测量本电路。

任务二　制作与调试延时电路

知识准备

一、电路的暂态过程

电路的暂态过程也叫瞬态过程或过渡过程，是指由一种稳定的状态过渡到另一种稳定的状态。如图 3－2－1 所示。

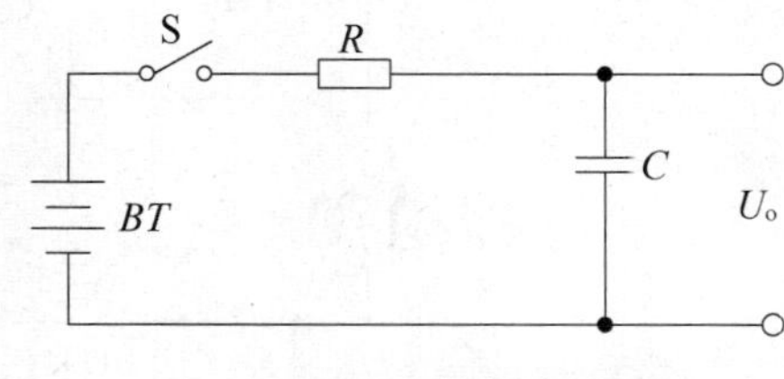

图 3－2－1　电路暂态过程

开关闭合前电容 C 两端的电压 $U_o=0$，是一种稳定的状态，当开关闭合后，电容 C 两端的电压 U_o 逐渐上升最终达到电源 BT 的电动势 E 的值，并一直稳定在这个数值上，为另外一种稳定的状态 $U_o=E$。这种由 $U_0=0$，到 $U_0=E$ 的过程就是一种暂态过程。

电容 C 两端的电压在开关 S 闭合后，由 $U_o=0$ 到 $U_o=E$ 并不是在瞬间实现的，而是有一个漫长的过程。R、C 的数值不同，这个过程的时间长短也不同。因此，我们可以利用这一特性实现延时功能。

暂态过程的实现必须具备的条件是电路中要有储能元件，如电容或电感。

二、RC 延时开关电路

将 RC 电路与晶体管结合可以实现延时开关的功能，如图 3－2－2 为 RC 电路组成的延时开关电路。

图 3－2－2　延时开关电路

接通电源，不按 S_1，DS 不亮；按一下 S_1，DS 点亮，延时一段时间后，恢复 DS 熄的状态。

电源接通，在没有按下 S_1 的情况下，因电容两端电压不能突变，电容两端电压近似为0 V，Q_1 因基极电位为 0 而截止，DS_1 也因此而截止（不亮）；按下 S_1，电源通过 R_1 对 C 充电，因 R_1 阻值较小，电容器 C 两端电位迅速接近电源电压，Q_1 因正偏而导通，同时 DS 也导通点亮；Q_1 导通后，电容器 C 通进 R_4、Q_1 的发射极形成放电回路而放电，随着时间的延迟，电容器 C 上电荷逐渐减少，两端的电压逐渐下降，当电压下降到足够低时，Q_1 截止，DS 也截止而熄灭。

任务实施

一、认识典型 RC 延时开关电路

典型 RC 延时开关电路如图 3-2-3 所示。

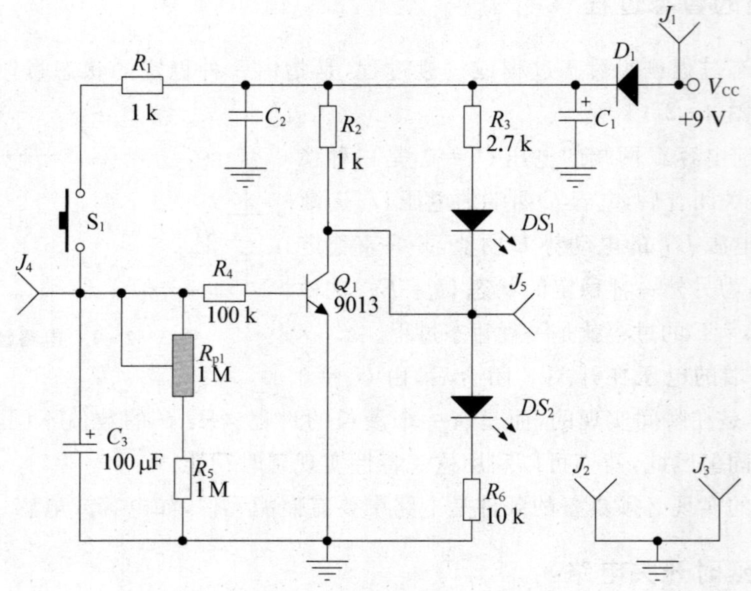

图 3-2-3　典型 RC 延时开关电路

接通电源，不按 S_1，DS_2 亮，DS_1 熄；按一下 S_1，DS_2 熄灭，DS_1 点亮，延时一段时间后，恢复 DS_2 亮、DS_1 熄的状态。

延时时间的长短可通过 R_{p_1} 来调节。

1. 设计安装图

(1) 方案一　按图 3-2-4 所示的电路板组装电路。

(2) 方案二　根据电路原理图，结合方案一图 3-2-4，用图 3-2-5 万能板搭建电路。

2. 电路焊接

(1) 元器件的选择、测试　根据表 3-2-1 中的元器件清单表，结合原理图，从元器件袋中选择合适的元器件。清点元器件的数量，目测元器件有无缺陷，亦可用万用表对元器件进行测量，正常的在表格的“清点结果” 栏填上“√”。目测印制电路板(或万能板)有无缺陷(表 3-2-2)。

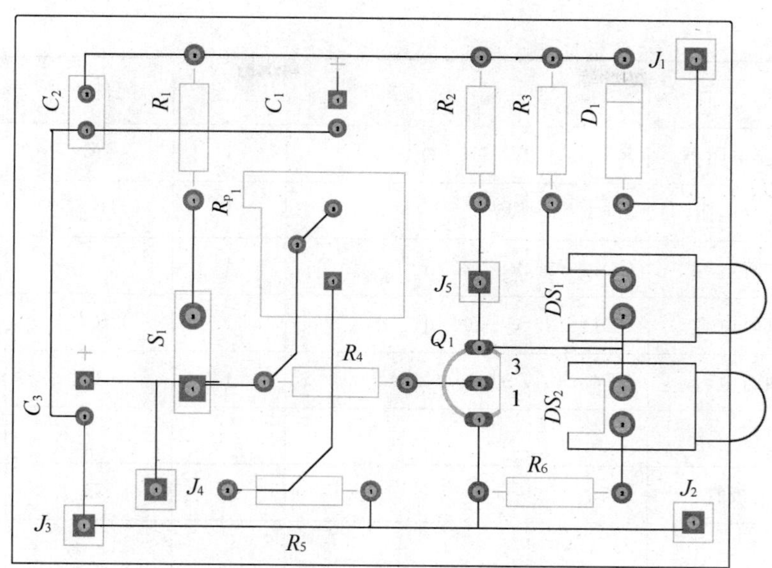

图 3-2-4 电路板

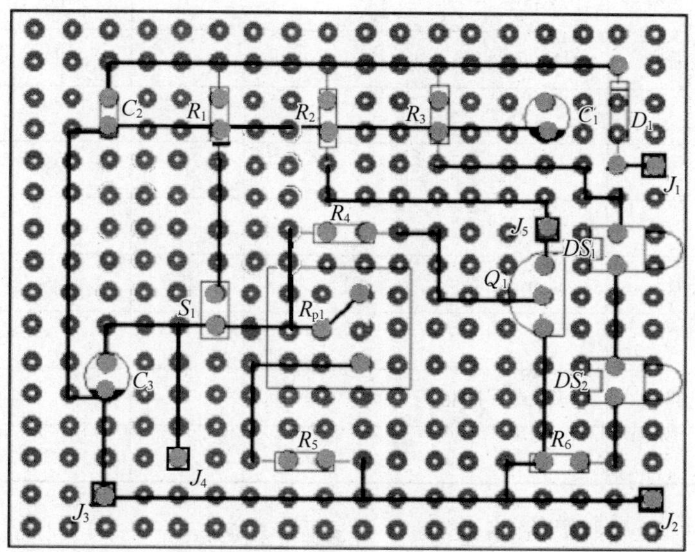

图 3-2-5 万能板

表 3-2-1 元器件清单

序号	名 称	型 号 规 格	数量	配件图号	清点结果
1	碳膜电阻器	RT-0.25 W-1 kΩ±1%	2	R_1、R_2	
2	碳膜电阻器	RT-0.25 W-2.7 kΩ±1%	1	R_3	
3	碳膜电阻器	RT-0.25 W-100 kΩ±1%	1	R_4	
4	碳膜电阻器	RT-0.25 W-1 MΩ±1%	2	R_5	

续 表

序号	名　　称	型 号 规 格	数量	配件图号	清点结果
5	碳膜电阻器	RT－0.25 W－10 kΩ±1%	1	R_6	
6	可变电阻	3362－1－105	1	R_{p_1}	
7	电解电容	CD11－25 V－220 μF	1	C_1	
8	电解电容	CD11－25 V－100 μF	1	C_3	
9	独石电容	CT4－40 V－103	1	C_2	
10					
11	三极管	9013	1	Q_1	
12					
13	发光二极管	绿/3 mm	1	DS_1	
14	发光二极管	红/3 mm	1	DS_2	
15	二极管	1N4007	1	D_1	
16					
17	开关		1	S_1	排针自制
18					
19	单排针	2.54 mm-直	5	$J_1 \sim J_5$	
20					
21	印制电路板	配套(或万能板)	1		
22					

表 3－2－2　元器件识别、检测

序号	名　　称	识别及检测内容	得分
1	电阻器 R_2	标称值:　　　　　　测量值:	
2	电容器 C_3	标称值:　　　　　　介质:	
3	二极管 D_1	正向电阻:　　　　　(注明表型、量程)	
4	电容器 C_1	两端电阻:　　　　　(注明表型、量程)	
5	发光二极管 D_3	正向导通电压:	

(2) 根据电子产品装配要求，对元器件进行整形　本任务元器件的整形可参照任务一的内容，其中电解电容、独石电容无需整形。

(3) 根据电原理图和设计装配图进行焊接装配　要求不漏装、错装，不损坏元器件，无虚焊、漏焊和搭锡，元器件排列整齐并符合工艺要求。

焊接顺序为：

① 6只电阻、1只二极管。

② 独石电容。

③ 单排针、三极管、发光二极管。

④ 电解电容。

二、RC延时开关电路调试

装接完毕，检查无误后，将稳压电源的输出电压调整为9 V±0.1 V。将电源正极接到J_1上，电源负极接到J_2上，如图3-2-6所示。对电路进行通电试验，如有故障应进行排除，电路正常后进行如下测量(按一下S_1观察发光二极管DS_1、DS_2现象有无变化)。

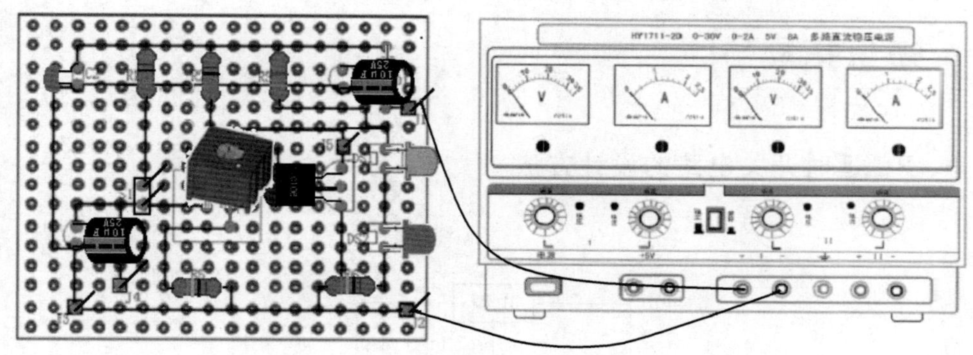

图3-2-6　RC延时开关电路

1. 电路调节(参考)

将电路中R_2换成可调电阻，调节R_2使电路接通电源后，不按S_1时DS_2亮，DS_1不亮；按下S_1，DS_2不亮，DS_1亮。

2. 电路测试

(1) (用符合可变电阻的阻值的电阻代替R_2)接通直流电源，发光二极管DS_1________(亮、闪、不亮)，DS_2________(亮、闪、不亮)，此时J_4点的电位为______V，DS_1的阳极电位为______V，DS_1的阴极电位为________V，DS_2的阴极电位为______V，三极管Q_1处于______________(放大、饱和、截止)状态。

(2) 接通直流电源后，按一下S_1，则发光二极管DS_1________(亮、闪、不亮)，DS_2________(亮、闪、不亮)，此时J_4点的电位为______V(按下后即时测量)，DS_1的阳极电位为______V，DS_1的阴极电位为________V，DS_2的阴极电位为______V，三极管Q_1处于______________(放大、饱和、截止)状态。

(3) 按图 3－2－7 连接方法接入毫伏表，观察在没有按 S_1 时 J_4 点的电压为________V；将 R_{P_1} 顺时针调到底，按一下 S_1 后，J_4 的直流电压在______V 到______V 变化；将 R_{P_1} 逆时针调到底，按一下 S_1 后，J_4 的直流电压在______V 到________V 变化；通过测量可知 R_{P_1} 的作用是____________。

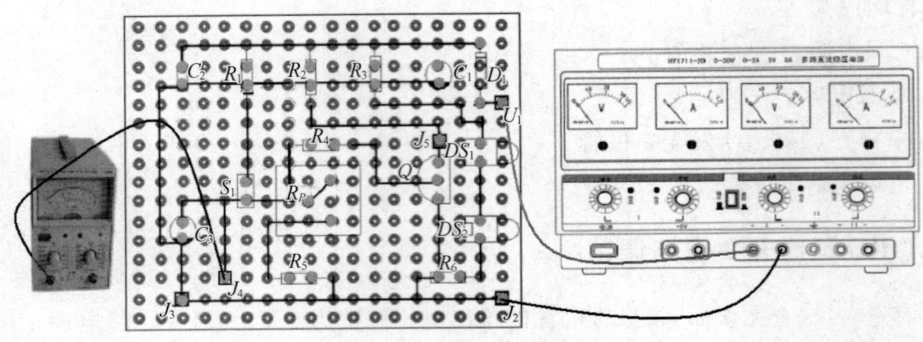

图 3－2－7　接入毫伏表

知识拓展

一、RC 延时开关电路的设计方法

1. 框图

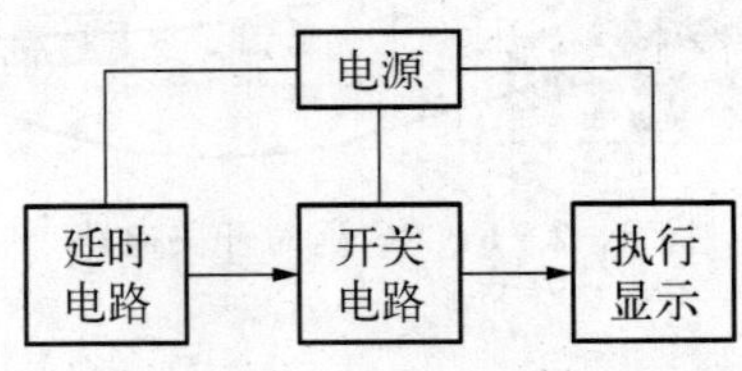

图 3－2－8　RC 延时开关电路框图

2. 原理

延时电路利用 RC 充、放电的特性实现，开关电路采用三极管的开关特性实现，执行显示只用发光二极管。

二、晶体三极管的应用

三极管因工作偏置不同可能出现三种工作状态：放大、饱和、截止。

1. 放大（放大器）

此时，应用在放大电路中。

当三极管发射结正偏，集电结反偏时，即 NPN 型三极管 B 极电位比 E 极电位高0.7 V（锗管为 0.3 V）左右，C 极电位比 B 极电位高出很多时，三极管一般工作在放大状态。

常用的偏置电路有：

(1) 固定偏置电路　如下图 3-2-9 所示：

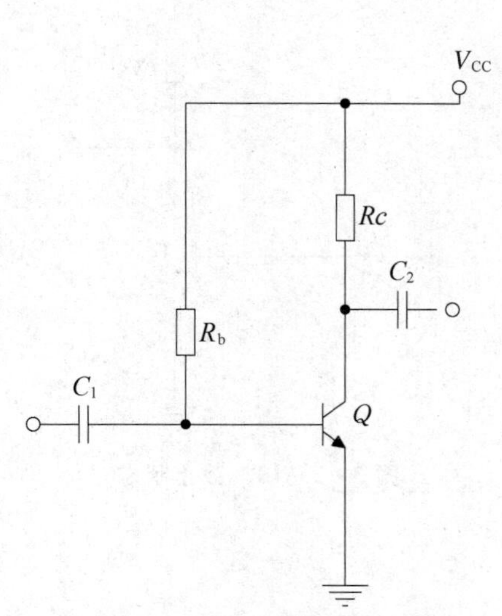

图 3-2-9　固定偏置电路

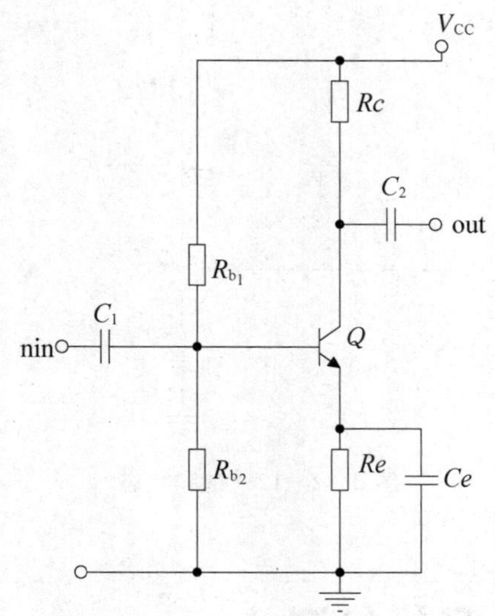

图 3-2-10　分压式偏置电路

特征：R_b 阻值相对较大，电路稳定性差，结构简单。

(2) 分压式偏置电路　如图 3-2-10 所示：

特征：R_{b1}、R_{b2}阻值比较接近，R_e不宜太大，电路稳定性好，但放大倍数不是太大。

(3) 射极负反馈式偏置电路　如图 3-2-11 所示：

特征：R_b阻值比固定电路中要小得多，电路稳定性好。

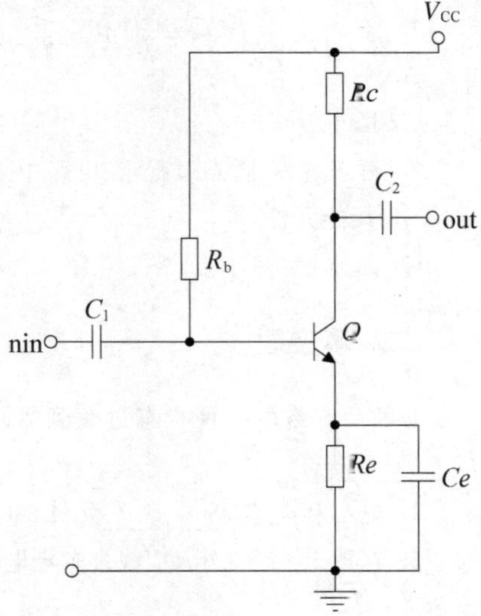

图 3-2-11　射极负反馈式偏置电路

在上述三种偏置电路中，如果偏不合适，电路很可能失去放大能力，进入饱和或截止状态，即开关状态。

2. 饱和状态

如下图 3-2-12 所示。

图 3-2-12 中如果 R_b 阻值比较小，而 R_c 相对阻值较大，Q 的 C 极电位为 0.3 V 左右，此时三极管工作在饱和状态。

3. 截止状态

如图 3-2-13 所示。

图 3-2-13 中无基极偏置电阻，Q 三极管基极无直流偏置电压，Q 的 C 极电位为电源电压 V_{CC}。

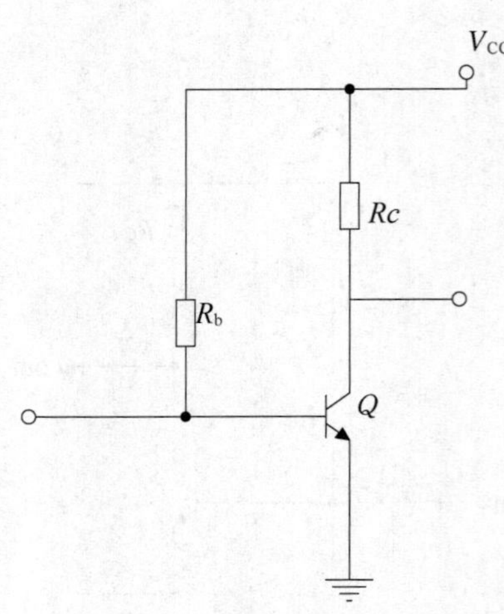

图 3-2-12　饱和状态

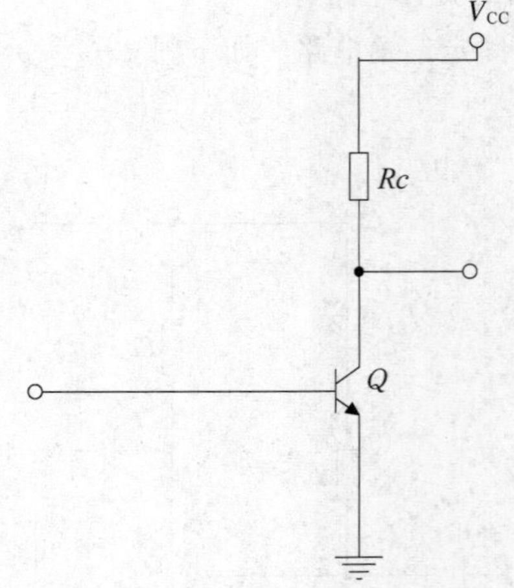

图 3-2-13　截止状态

目标检测

一、选择题

1. 图 3-2-3 中 Q_1 工作在________状态　　（　　）

A. 放大　　B. 饱和

C. 截止　　D. 开关

2. 暂态过程(瞬态过程)在电路中必须具有________元件　　（　　）

A. 耗能元件　　B. 储能元件

C. 晶体管　　D. 放大器

二、填空题

1. RC 电路由一种状态过渡到另一种状态，R 越大，过渡的时间越________；C 越大，过渡的时间越________。

2. 电容和电感是________元件，电阻是________元件。

3. 在图 3-2-3 中 Q_1 截止时集电极的电位是________V，Q_1 饱和时集电极的电位是________V。

三、简答题

1. 电路中若没有 R_{P_1} 和 R_5 支路对电路有何影响？

2. 分析 DS_1 和 DS_2 分别点亮的过程。

3. 电路中 D_1 的作用是什么？

任务三　制作与调试门铃电路

知识准备

一、对门铃电路的要求

门铃是非常适用的小电器，对中等职业学校的学生来说，要制作完美的门铃是有困难的，针对中职学生的实际情况，要求做到如下几点：

(1) 使用常规的分立元件。

(2) 电路结构简单，易于制作。

(3) 现象明显，具有声光提示。

二、单音门铃电路

根据上面的要求，结合任务一和任务二，简单的单音门铃电路可以采用图 3－3－1 所示的电路。

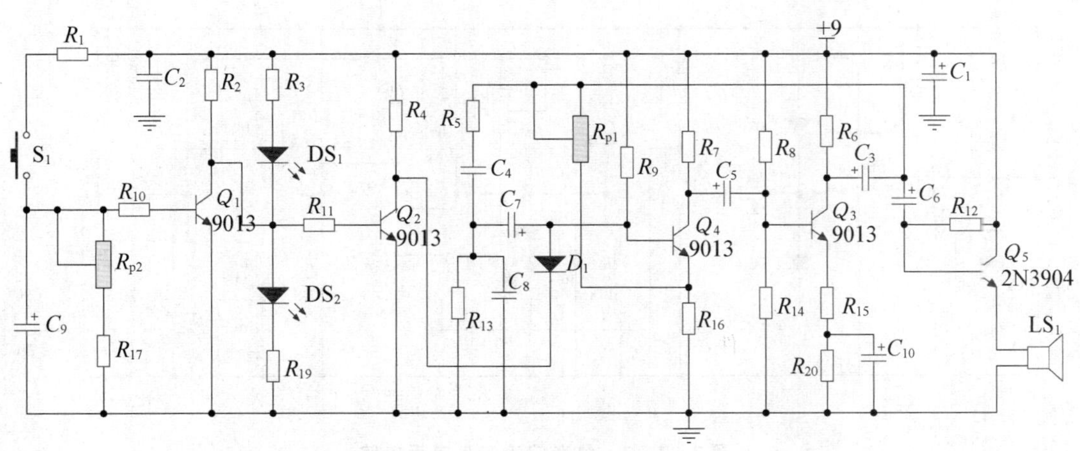

图 3－3－1　单音门铃电路

电路分析：

(1) Q_1 及周边元件组成延时开关电路，R_{p_1} 可以调节开关时间的长短。

(2) DS_2 显示电源是否正常，DS_1 显示电路开关状态是否工作。

(3) Q_2 也处于开关状态，它组成一个反相器，配合 Q_1 完成对后面振荡电路的控制。

(4) D_1 起隔离高电平、钳制低电平的作用，实现 Q_1 对 Q_4 的控制。

(5) Q_4、Q_3 组成 RC 振荡电路，振荡电路能否工作，R_{p_1} 对其起决定性作用，调节 R_{p_1} 可以使电路工作在最佳状态；电路的振荡频率取决于 R_5、C_4 和 R_{13}、C_8 的参数，参数不同声音效果不同。

(6) Q_5 为驱动级，如将喇叭直接作为振荡器的负载，喇叭不仅不能发声，同时还使电路停振。

(7) 电路工作过程如下：通电后 DS_2 点亮，表示电源已接通；按一下 S_1，DS_2 熄灭，DS_1 点亮，Q_2 截止，Q_4、Q_3 工作产生音频信号，通过 Q_5 驱动喇叭发出声音。一段时间后，Q_1 截止，DS_2 恢复发光状态，Q_2 同时饱和导通，Q_4 的基极被 D_1 钳位在 1 V 左右的固定电平上而停止工作(振荡)。

任务实施

一、设计单音门铃电路

实际应用电路如图 3－3－2 所示。

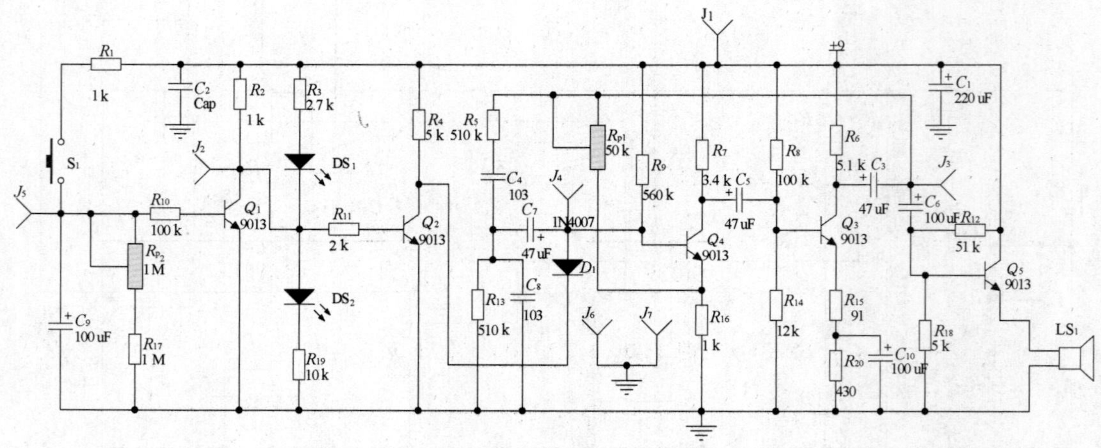

图 3－3－2 单音门铃实际应用电路

二、设计安装图

1. 设计安装要求

本电路相对比较简单，使用的都是常规的基本电子元器件，没有特殊元件，设计安装要求并不太高，具体要求以下几点：

(1) 条件许可的话尽量使用覆铜板，自己设计成 PCB 板，没有条件可用万能板设计安装。

(2) 元器件分布要合理，距离适中，尽量均匀。

(3) 单元电路元件以三极管为核心集中分布，不同单元元件尽量不要混合分布。

(4) PCB 布线不许交叉，万能板如出现交叉要分布在两层，导线尽可能的短，线与线的距离不能太近。

(5) 电源线尽量在外面，信号线在里面。

2. 设计方案

按照上述要求，可选择下面两种方案：

(1) 方案一，用 PCB 板如图 3-3-3 所示。

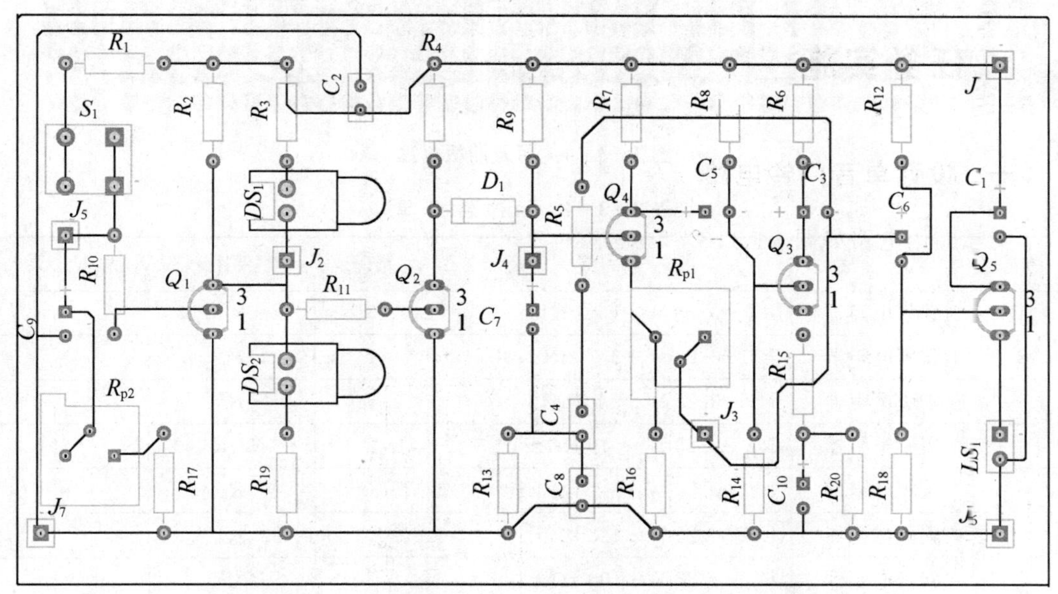

图 3-3-3　用 PCB 板设计

(2) 方案二，用万能板按图 3-3-4 所示进行搭建。

三、电路焊接

(1) 元器件的选择、测试　根据下列的元器件清单表(表 3-3-1)，结合原理图，从元器件袋中选择合适的元器件。清点元器件的数量、目测元器件有无缺陷，亦可用万用表对元器件进行测量，正常的在表格的“清点结果”栏填上“√”。目测印制电路板(或万能板)有无缺陷。

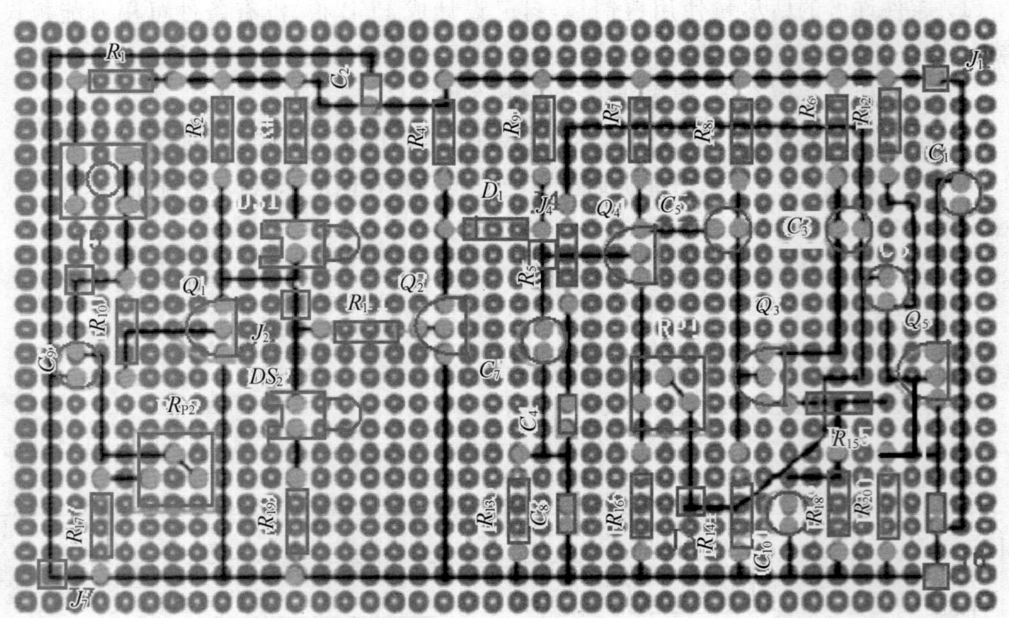

图 3-3-4 用万能板搭建

表 3-3-1 元 器 件 清 单

序号	名　　称	型 号 规 格	数量	配件图号	清点结果
1	碳膜电阻器	RT-0.25 W-1 kΩ±1%	3	R_1、R_2、R_{16}	
2	碳膜电阻器	RT-0.25 W-2.7 kΩ±1%	1	R_3	
3	碳膜电阻器	RT-0.25 W-5 kΩ±1%	1	R_4	
4	碳膜电阻器	RT-0.25 W-510 KΩ±1%	2	R_5、R_{13}	
5	碳膜电阻器	RT-0.25 W-5.1 kΩ±1%	1	R_6	
6	碳膜电阻器	RT-0.25 W-4.3 kΩ±1%	1	R_7	
7	碳膜电阻器	RT-0.25 W-100 kΩ±1%	2	R_8、R_{10}	
8	碳膜电阻器	RT-0.25 W-510 kΩ±1%	1	R_9	
9	碳膜电阻器	RT-0.25 W-2 kΩ±1%	1	R_{11}	
10	碳膜电阻器	RT-0.25 W-51 kΩ±1%	1	R_{12}	
11	碳膜电阻器	RT-0.25 W-12 kΩ±1%	1	R_{14}	
12	碳膜电阻器	RT-0.25 W-91 Ω±1%	1	R_{15}	
13	碳膜电阻器	RT-0.25 W-1 MΩ±1%	1	R_{17}	
14	碳膜电阻器	RT-0.25 W-5 kΩ±1%	1	R_{18}	
15	碳膜电阻器	RT-0.25 W-10 kΩ±1%	1	R_{19}	
16	碳膜电阻器	RT-0.25 W-330 Ω±1%	1	R_{20}	
17					

续　表

序号	名　　称	型　号　规　格	数量	配件图号	清点结果
18	可变电阻	3362 - 1 - 503	1	R_{P1}	
19	可变电阻	3362 - 1 - 105	1	R_{P2}	
20					
21	电解电容	CD11 - 25 V - 220 μF	1	C_1	
22	独石电容	CT4 - 40 V - 103	3	C_2、C_4、C_8	
23	电解电容	CD11 - 25 V - 47 μF	3	C_3、C_5、C_7	
24	电解电容	CD11 - 25 V - 100 μF	3	C_6、C_9、C_{10}	
25					
26	三极管	9013	5	$Q_{1\sim5}$	
27					
28	发光二极管	绿/3 mm	1	Ds_1	
29	发光二极管	红/3 mm	1	Ds_2	
30	二极管	1N4007	1	D_1	
31					
32	开关		1	S_1	
33					
34	插件		1付		
35					
36	单排针	2.54 mm -直	5	$J_1 \sim J_5$	
37					
38	小喇叭		1		
39					
40	印制电路板	配套(或万能板)	1		
41					

(2) 根据电子产品装配要求,对元器件进行整形　本任务元器件的整形可模仿任务一的内容,其中电解电容、独石电容、可变电阻无需整形。

(3) 根据电路原理图和设计装配图(方案二)进行焊接装配　要求不漏装、错装,不损坏元器件,无虚焊、漏焊和搭锡,元器件排列整齐并符合工艺要求。

焊接顺序为：

① 20 只电阻、1 只二极管。

② 3 只独石电容。

③ 2 只可变电阻、1 个插件。

④ 单排针、三极管、发光二极管。

⑤ 电解电容。

四、单音门铃电路调试

装接完毕，检查无误后，插上喇叭，将稳压电源的输出电压调整为 9 V±0.1 V。将电源极接到 J_1 上，电源极接到 J_6（或 J_7）上，如图 3－3－5 所示。对电路进行通电试验，如有故障应进行排除。

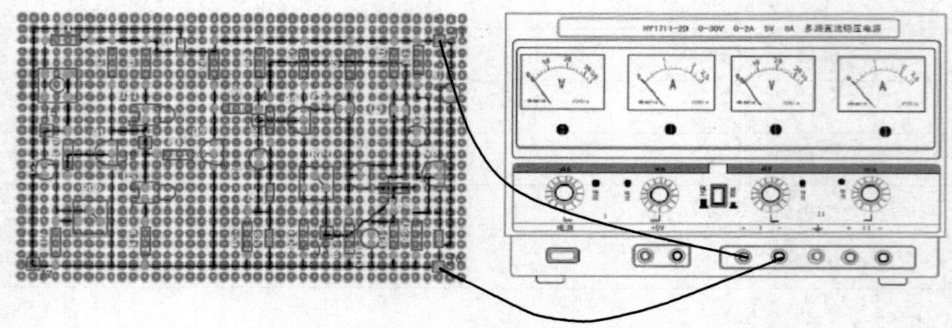

图 3－3－5　单音门铃电路

电路正常应为：接通电源，在没有按动 S_1 的情况下，DS_1 不亮，DS_2 亮，喇叭无声音发出；按一下 S_1 后 DS_1 亮，DS_2 熄灭，同时喇叭发出一单音，一定时间后喇叭声音消失，DS_1 熄灭，DS_2 复亮。

如电路现象不正常可反复调节 R_{p_1}、R_{p_2}，直到正常为止。如有条件可利用示波器进行调节，将示波器信号输入端接到 J_3 上，屏蔽线接到 J_7（或 J_6）上，调节 R_{p_1}，直到输出波形为正弦波，并幅度最大为止。

知识拓展

集成音乐门铃电路

现在普遍使用的是集成音乐门铃，对于分立元件电路在现实生活中已经很少使用了，但作为基础篇来说，分立元件组成的电路还是有必要学习的。集成音乐门铃现在已经做到大部分元器件都被集成在一个块子里，外围电路很少，使用非常方便。如下图 3－3－6 所示，用一块 9300 集成音乐芯片，再加很少的外围元件就可做成音乐门铃。

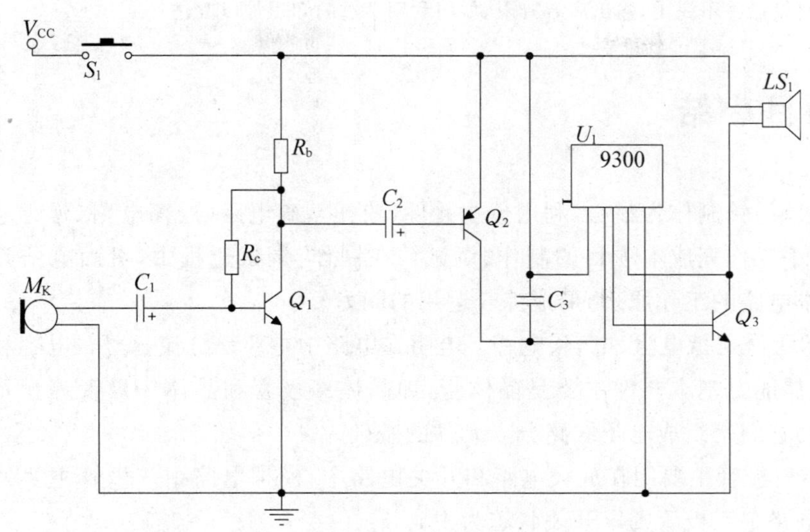

图 3-3-6 音乐门电路

目标检测

一、选择题

1. 在图 3-3-1 所示电路中，Q_3 发射极的电容 C_{10} 使电路放大倍数 （ ）

A. 变大　B. 变小　C. 不变　D. 无法确定

2. 在图 3-3-1 所示电路中 LS_1 发出声音的同时________点亮 （ ）

A. DS_1　B. DS_2　C. DS_1 和 DS_2　C. DS_1 和 DS_2 都不

3. 在图 3-3-1 所示电路中，C_1、C_2 的作用是 （ ）

A. 滤波　B. 定时　C. 耦合　D. 无作用

二、填空题

1. 试分析图 3-3-1 电路，该电路由________、______、________组成。

2. 在图 3-3-1 电路中 Q_1、Q_2 工作在______状态，Q_3、Q_4 工作在______状态，D_1 的作用是______。

3. 在图 3-3-1 电路中 R_p 的作用是________，R_{p_2} 的作用是______。

4. 在图 3-3-1 电路中，因 Q_5 的放大能力有限，可采用两只同型号或异型号的三极管组成______管进行驱动。

三、简答题

1. 本项目为单音门铃电路，而本电路延时部分延时的时间可以做到远大于振荡电路输出的音频时间，那么，如何以本电路为基础，制作出在整个延时时间内连续发音电路？

2. 应用所学知识，利用集成音乐芯片，如何设计门铃电路？

3. 本电路设计并不完美，输出声音有限，如何利用学过的知识加以改进？

项目小结

本项目以门铃制作为核心，利用分立元件，依托基础电路（振荡电路、延时电路），通过学生自己动手操作完成本项目的制作、调试。在制作、调试过程中，巩固电子元器件的使用，了解基本电路的工作原理，形成综合运用的能力。

1. 基本元件是指电阻、电容、电感。电阻在电路中主要是分流、分压，电容和电感在电路中主要是储能。基本器件主要是晶体管，即晶体二极管和晶体三极管等。元件和器件组成元器件，它们是组成电子线路分立元件的基础。

2. 晶体三极管主要用在放大电路和开关电路中，模拟电路中三极管主要处于放大状态，在数字电路中三极管则以开关状态为主。

3. 振荡电路是指在无外来信号作用的条件下，直接将直流电能转换成交流电能的电路（振荡器）。它可用在逆变电路、信号处理及时钟电路中。

4. 电容和电感有储能作用，能量的存储和释放具有时效性，利用电容或电感的充、放电可以实现时间的延迟。

5. 简单的门铃电路就是利用电容的延时信号来控制三极管的导通和截止，从而实现对振荡电路的控制。

项目四 制作与调试摇摆闪烁电路

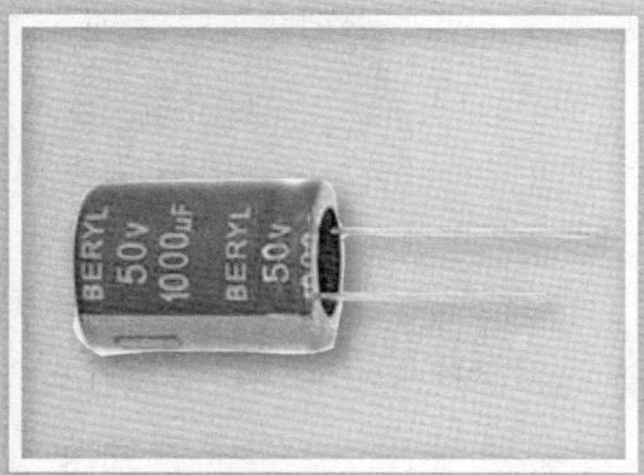

项目介绍

集成运算放大器是一种内部为直接耦合的高放大倍数的集成电路。可应用于功率放大器等线性电路中，也可应用于信号发生器、电压比较器等非线性电路中，是一种典型的、实用的电子元器件。项目通过制作与调试声音探听器、摇摆闪烁灯电路，让学生掌握集成运算放大器在电路中的应用。

学习目标

- 掌握直流信号和直流放大电路。
- 了解零点漂移现象和差分放大器。
- 掌握集成运算放大器及集成运算放大器开环放大倍数、闭环放大倍数及主要参数。
- 掌握常用集成运放电路封装、引脚功能、符号及典型线性应用。
- 掌握集成运算放大器的理想特性。

- 掌握集成运算放大器线性电路的分析设计方法。
- 掌握集成运算放大器的非线性及其应用。
- 了解报警器电路的设计方法。
- 掌握集成运算放大器保护电路的设计。

任务一 制作与调试声音探听器电路

知识准备

一、认识集成运算放大器

1. 集成电路

集成电路是指把晶体管、电阻、电容以及连接导线等元器件集中制造在一小块半导体基片上而形成具有电路功能的器件，如图 4-1-1 所示。

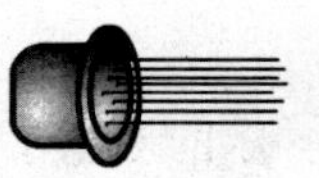
(a) 圆壳式

(b) 双列直插式

(c) 扁平式

图 4-1-1 基础电路外形

2. 集成运算放大器

集成运算放大器是一种内部为直接耦合的高放大倍数的集成电路，由于在发展初期主要用于数学运算，故称之为“集成运放”或“运放”。虽然不同型号集成运算放大器的内部电路各不相同，但原则上它们都是由输入级（差分输入）、中间电压放大级、低阻输出级及偏置电路组成，其电路框图如图 4-1-2 所示。输入级有 $U+$ 和 $U-$ 两个输入端。当在 $U+$ 端输入 U_i 信号时，输出信号 U_o 与 U_i 的极性相同，故称 $U+$ 端为同相输入端；当在 $U-$ 端输入 U_i 时，输出信号 U_o 与 U_i 的极性相反，故称 $U-$ 为反相输入端。

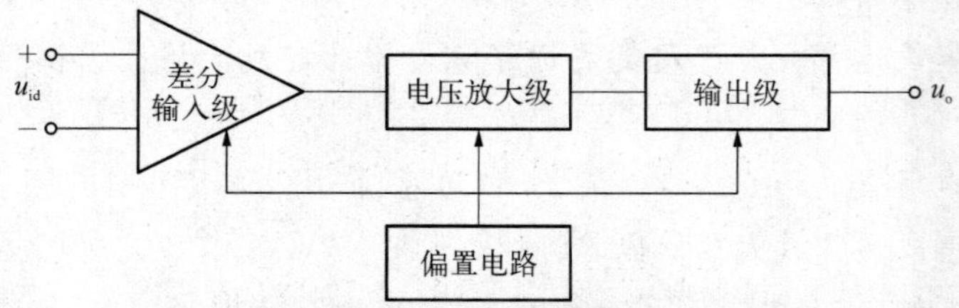

图 4-1-2 集成运算放大器内部电路框图

其图形符号如图 4-1-3 所示，图(a)是国家新标准(GB 4728.13—1996)规定的符号；图(b)是曾用过的符号。画电路时，通常只画出输入和输出端，输入端标“+”号表示同相输入端，标“-”号表示反相输入端。

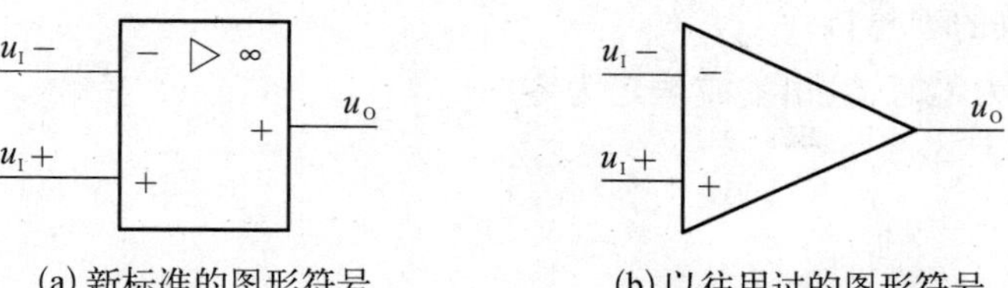

(a) 新标准的图形符号　　(b) 以往用过的图形符号

图 4-1-3　集成运算放大器图形符号

(1) 两种放大倍数

① 开环放大倍数：没有引入反馈时集成运放的放大倍数，又称开环放大倍数，记作 A_{VO}，如图 4-1-4 所示。设从同相输入端输入电压 u_B，反相输入端输入电压 u_A，输出端输出电压 u_o。则：

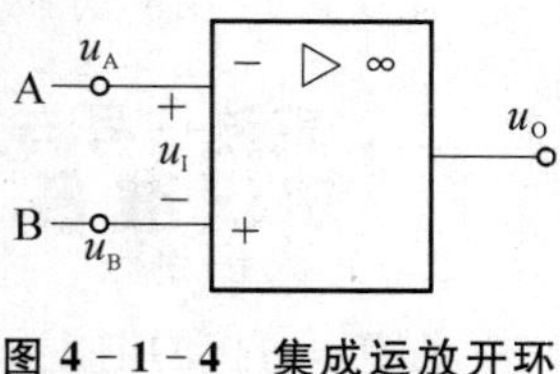

图 4-1-4　集成运放开环放大倍数

$$A_{VO}=\frac{u_o}{u_B-u_A}=\frac{u_o}{u_I}$$

② 闭环放大倍数：引入反馈时集成运放的放大倍数称为闭环放大倍数，又称闭环电压放大倍数，记作 A_{VF}。其数值应根据具体电路的反馈情况来分析计算。

(2) 主要参数

① 输入失调电压 U_{IO}：输入电压为零时，为了使放大器输出电压为零，在输入端外加的补偿电压。一般为毫伏级。它表征电路输入部分不对称的程度，U_{IO} 越小，运放性能越好。

② 输入失调电流 I_{IO}：输入电压为零时，为了使放大器输出电压为零，在输入端外加的补偿电流。其值为两个输入端静态基极电流之差。

③ 输入偏置电流 I_{IB}：输入电压为零时，两个输入端静态基极电流的平均值一般为微安数量级，I_{IB} 越小越好。

④ 开环电压放大倍数 A_{VO}：电路开环情况下，输出电压与输入差模电压之比。A_{VO} 越大，集成运放运算精度越高。一般中增益运放的 A_{VO} 可达 10^5 倍。

⑤ 开环输入阻抗 r_i：指电路开环情况下，差模输入电压与输入电流之比。r_i 越大，运放性能越好。一般在几百千欧至几兆欧。

⑥ 开环输出阻抗 r_o：电路开环情况下，输出电压与输出电流之比。r_o 越小，运放性能越好。一般在几百欧左右。

⑦ 共模抑制比 K_{CMR}：电路开环情况下，差模放大倍数 A_{VD} 与共模放大倍数 A_{VC} 之比。K_{CMR} 越大，运放性能越好。一般在 80 dB 以上。

⑧ 输出电压峰 － 峰值 U_{OP-P}：放大器在空载情况下，最大不失真电压的峰-峰值，一般由电源电压、输出管饱和压降等因素决定，理想情况下，取输出峰-峰电压

$U_{OP-P}=2U_{cc}$。

⑨ 静态功耗 P_D：电路输入端短路、输出端开路时所消耗的功率。

⑩ 开环带宽 BW：开环电压放大倍数随信号频率升高而下降 3 dB 所对应的带宽。

(3) 集成运放的理想特性

① 输入信号为零时，输出端应恒定为零。

② 输入阻抗 $r_i=\infty$。

③ 输出阻抗 $r_o=0$。

④ 频带宽度 BW 应从 $0\to\infty$。

⑤ 开环电压放大倍数 $A_{VO}\to\infty$。

在实际应用和分析集成运放电路时，可将实际运放视为理想运放，以简化分析。

二、直流信号与直流放大电路

1. 直流信号

在工业自动控制系统中，经常要将一些物理量(如温度、转速的变化)通过传感器转化为相应的电信号，而此类电信号往往是变化极其缓慢的(即频率近于零)或者是极性固定不变的信号，称为直流信号。

2. 直流放大电路

直流信号不能用阻容耦合或变压器耦合的放大器来放大，因为频率为零的直流信号或变化缓慢的交流信号将被电容器或变压器隔断，这时就必须采用直接耦合方式的放大器，简称直耦放大器，又称直流放大器。

3. 零点漂移现象与差分放大器

(1) 零点漂移现象　理想情况下，在多级直接耦合放大器中，当输入信号 $U_I=0$ 时，输出信号 U_o 也应该为零。但实际上由于各级静态工作点随温度、电源电压波动等因素而发生变化，使输出电压 $U_o\neq0$，这种当输入信号为零而输出信号不为零的现象称为零点漂移。

工作点漂移现象在阻容耦合和变压器耦合放大器中也存在，但因电容器、变压器等耦合元件的阻断，它只局限在本级范围内，更不会被逐级加以放大。但在直接耦合放大器中，这个微小的漂移会被逐级放大，有时会使输出严重偏离稳定值。在多级直接耦合放大器中，第一级零漂所产生的作用最显著，要减小零漂必须着重解决第一级的问题。放大器的放大倍数越高，输出电压的漂移越严重，甚至使放大器不能正常工作。

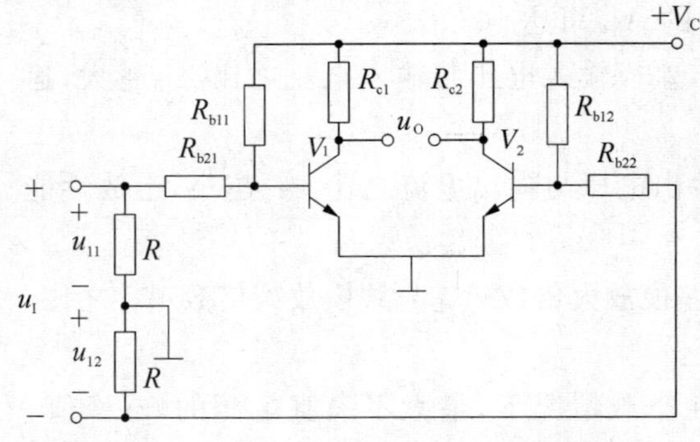

图 4-1-5　差分放大器的基本电路

(2) 差分放大器　差分放大器是一种能够有效抑制零漂的直接耦合放大器。图4-1-5电路为差分放大电路的基本形式，它由两个完全相同的固定偏置单管放大电路组成，$R_{b11}=R_{b12}$、$R_{b21}=R_{b22}$、

$R_{c1}=R_{c2}$，且两个三极管 V_1、V_2 特性相同。两部分电路中各对应元件的参数越对称，抑制零点漂移的效果越好。

三、集成运算放大器的典型应用电路

1. 常用运放集成块的介绍

(1) LM741 简介　LM741 运放集成电路，如图 4-1-6 所示。LM741 是通用型集成单运放，其特点是电压适应范围较宽，可在 ±5～±18 V 范围内选用；具有很高的输入共模、差模电压，电压范围分别为 ±15 V 和 ±30 V；内含频率补偿和过载、短路保护电路；可通过外接电位器进行调零，LM741 管脚引线分布如图 4-1-7 所示。

图 4-1-6　LM741

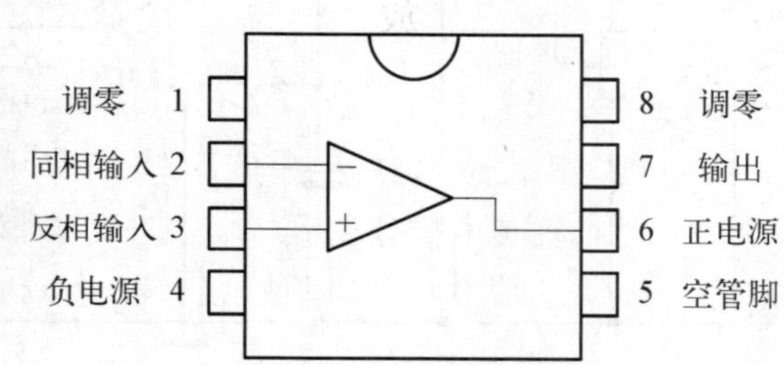

图 4-1-7　LM741 单运放引线图

(2) LM324 简介　LM324 运放集成电路，如图 4-1-8 所示。电路具有电源电压范围宽、静态功耗小、可单电源使用、价格低廉等优点，因此被广泛应用在各种电路中。

LM324 是四运放集成电路，它采用 14 脚双列直插塑料封装，它的内部包含四组形式完全相同的运算放大器，除电源共用外，四组运放相互独立，引线分布如图 4-1-9 所示。图中，GND 为接地端，V_{CC} 为电源正极端(6 V)，每个运放的反相输入端、同相输入端、输出端均有编号。例如，$1V_{i-}$、$1V_{i+}$、$1V_O$ 分别表示 1 号运放的反相输入端、同相输入端及输出端。依此类推，$2V_{i-}$、$2V_{i+}$、$2V_O$ 是表示 2 号运放器的。

图 4-1-8　LM324

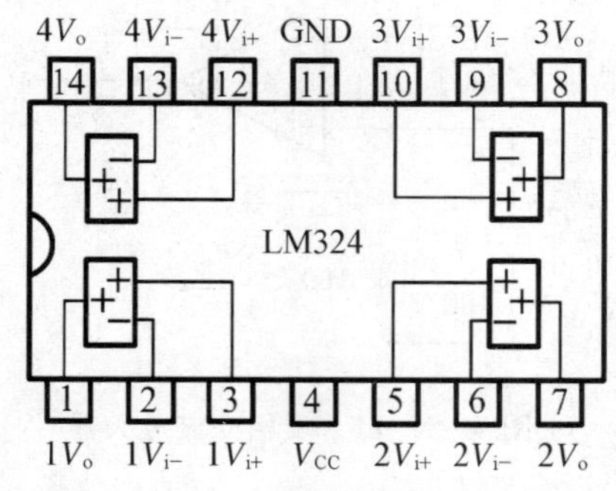

图 4-1-9　LM324 四运放引线图

2. 典型应用电路

(1) 5 W 功率放大器　图 4-1-10 所示是用 LM741 驱动三极管的 5 W 功率放大

器，此功率放大器是由 LM741 组成前级电压放大，R_5、C_4 是反馈电路；后级是由 T_1、T_2 组成 OTL 功率放大电路。从图中可以看出，音频信号输入后经 P_1 进行音量调节，然后由 C_2 耦合送到 LM741 的同相输入端 3 脚，经 LM741 组成的高增益电压放大后再送到 OTL 功率放大电路的功放管 T_1、T_2 的基极，最后经输出耦合电容 C_5 耦合输出去推动扬声器。

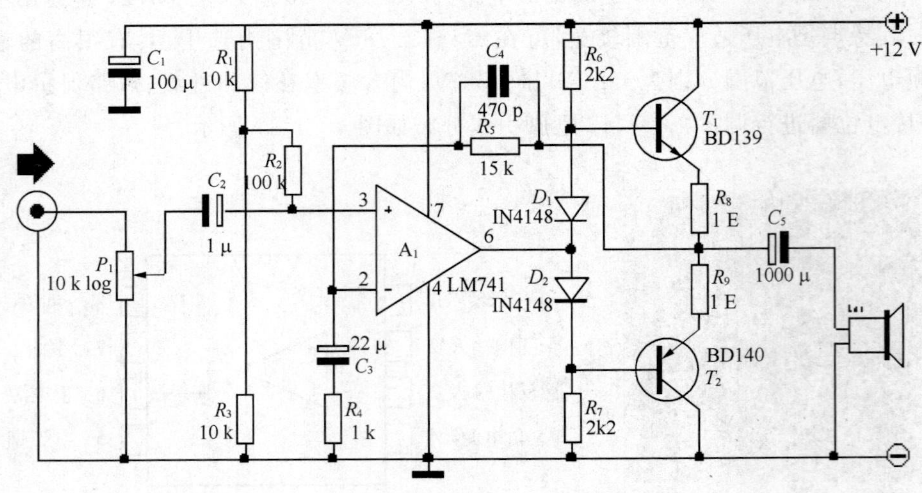

图 4-1-10　LM741 驱动三极管的 5 W 功率放大器

（2）反相交流放大器　如图 4-1-11 所示是用 LM324 集成运放设计的反相交流放大器，此放大器可代替晶体管进行交流放大，可用于扩音机前置放大等，电路无需调试。放大器采用单电源供电，由 R_1、R_2 组成 1/2 $V+$ 偏置，C_1 是消振电容，R_f 是反馈电阻。

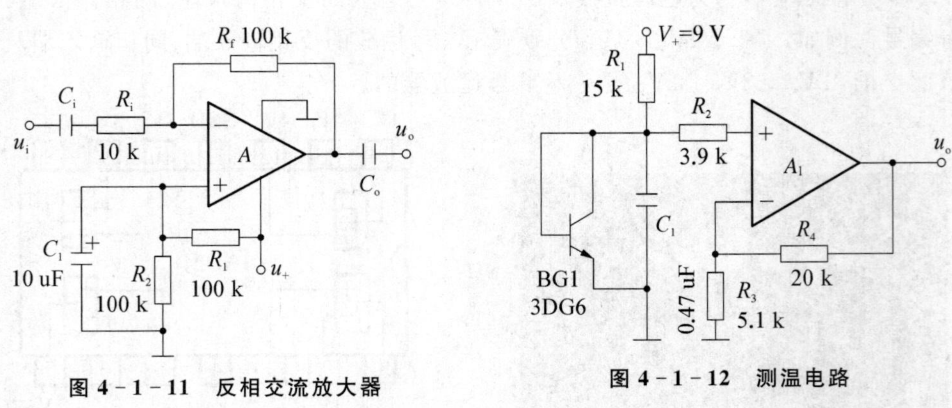

图 4-1-11　反相交流放大器

图 4-1-12　测温电路

（3）测温电路　图 4-1-12 所示是用 LM324 集成运放设计的测温电路，此电路感温探头采用一只硅三极管 3DG6，把它接成二极管形式。硅晶体管发射结电压的温度系数约为 -2.5 mV/℃，即温度每上升 1℃，发射结电压变会下降 2.5 mV。运放 A_1 连接成同相直流放大形式，温度越高，晶体管 BG_1 压降越小，运放 A_1 同相输入端的电压就越低，输出端的电压也越低。这是一个线性放大过程，R_4 是反馈电阻。在 A_1 输出端接上测量或处理电路，便可对温度进行指示或进行其他自动控制。

任务实施

一、任务布置

高灵敏度声音探听器是应用了集成运算放大器 LM358 的线性实现对微弱信号的放大。任务要求同学们首先掌握电路的功能和工作原理，掌握运放 LM358 内部框图、引脚功能以及驻极体话筒的检测，然后在图示的万能电路板上按要求进行元器件布局、导线连接(走向)布局，再根据要求制作完成高灵敏度声音探听器电路，最后进行调试，并用万用表、示波器观测电路中各关键点电压。

二、任务目的

(1) 掌握常用集成运算放大器 LM324 的引脚功能及其使用方法。

(2) 掌握集成运算放大器的线性应用——放大器。

(3) 通过电路中关键点电压的观测，培养学生对电路分析、故障判断能力。

(4) 增强专业意识，培养良好的职业道德和职业习惯。

三、认识电路

1. 功能介绍

高灵敏度声音探听器是用来听到远处极微弱的声音，它具有极强的指向性和极高的灵敏度，能将运动场上运动员和教练员的低声细语尽收耳底，使用起来十分有趣。

2. 工作原理

电路原理图如图 4-1-18 所示，装在特制筒子里的话筒，能将一定方向上的声音接收下来(其他方向的声音被抑制)，送入放大器放大。放大器由两级组成，第一级由 LM358 运放中的一运放构成，有 110 倍增益的放大量；第二级由另一运放构成，有 500 倍增益的放大量。这样高的放大能力，足以将极微弱的声音信号放大，由耳机输出。利用它就能听到很远处人耳无法直接听到的微弱声音。

3. LM358 介绍

LM358 如图 4-1-13 所示，内部包括有两个独立的、高增益、内部频率补偿的双运算放大器，适合于电源电压范围很宽的单电源使用，也适用于双电源工作模式。在推荐的工作条件下，电源电流与电源电压无关。它的使用范围包括传感放大器、直流增益 模组，音频放大器、工业控制、DC 增益部件和其他所有可用单电源供电的使用运算放大器的场合。

LM358 的封装形式有塑封 8 引线双列直插式(图 4－1－14)和贴片式。

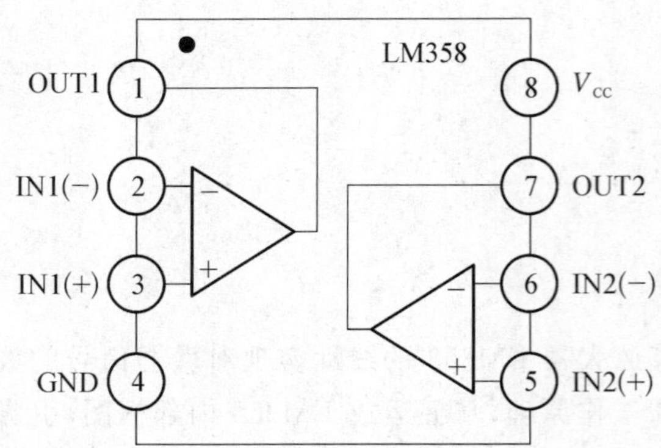

图 4－1－13 LM358 框图及引脚功能

图 4－1－14 LM358 双列直插式封装

4. 驻极体话筒识别与检测

(1) 驻极体话筒的引脚识别 如图 4－1－15 所示。

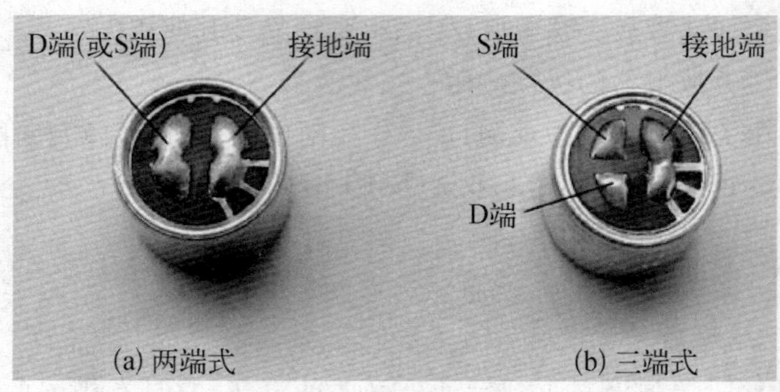

图 4－1－15 驻极体话筒引脚识别

(2) 驻极体话筒检测 极性判别如图 4－1－16 所示，将万用表拨至“R×100”或“R×1 k”电阻挡，黑表笔接任意一极，红表笔接另外一极，读出电阻数值；对调两表笔后，再次读出电阻数值，并比较两次测量结果，阻值较小的一次中，黑表笔所接应为源极 S，红表笔所接应为漏极 D。同时阻值一大一小，也说明驻极体话筒质量是好的。若测得两次电阻值均为∞或等于 0 Ω，或电阻值接近，则说明话筒已损坏或质量不好。

(3) 灵敏度的判断 将万用表拨至“R×100”或“R×1 k”电阻挡，按照图 4－1－17(a)所示，黑表笔(万用表内部接电池正极)接被测两端式驻极体话筒的漏极 D，红表笔接地端(或红表笔接源极 S，黑表笔接接地端)，此时万用表指针指示在某一刻度上，再用嘴对着话筒正面的入声孔吹一口气，万用表指针应有较大摆动。指针摆动范围越大，说明被测话筒的灵敏度越高。如果没有反应或反应不明显，则说明被测话筒

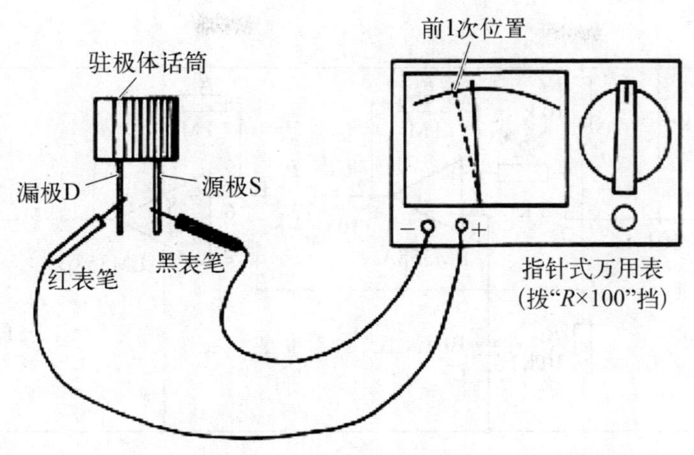

图 4-1-16　极性判别

已经损坏或性能下降。对于三端式驻极体话筒，按照图 4-1-17(b)所示，黑表笔仍接被测话筒的漏极 D，红表笔同时接通源极 S 和接地端(金属外壳)，然后按相同方法吹气检测即可。

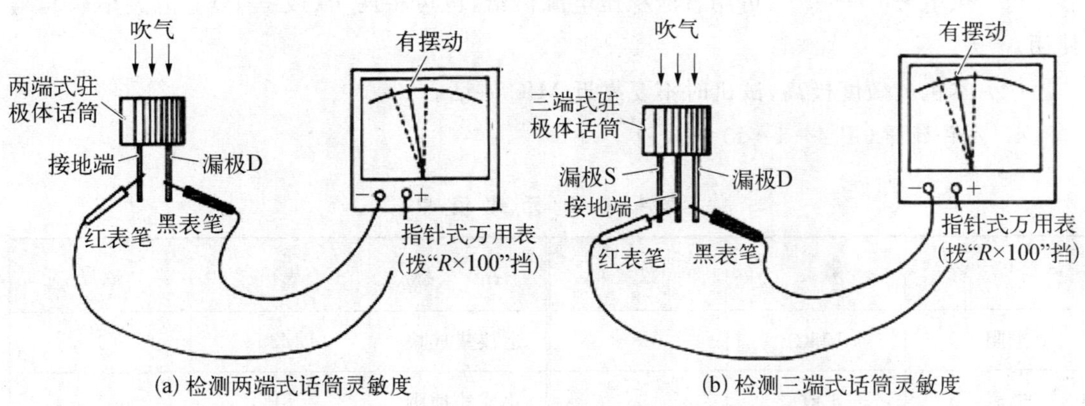

(a) 检测两端式话筒灵敏度　　(b) 检测三端式话筒灵敏度

图 4-1-17　驻极体话筒灵敏度的检测

四、电路制作

1. 实验仪器

(1) 模拟实验电子装接台 1 个。

(2) 直流稳压电源 1 台。

(3) MF-47 型万用表 1 只。

(4) 双踪示波器 1 台。

(5) 信号发生器 1 台。

2. 电路原理图(图 4-1-18)

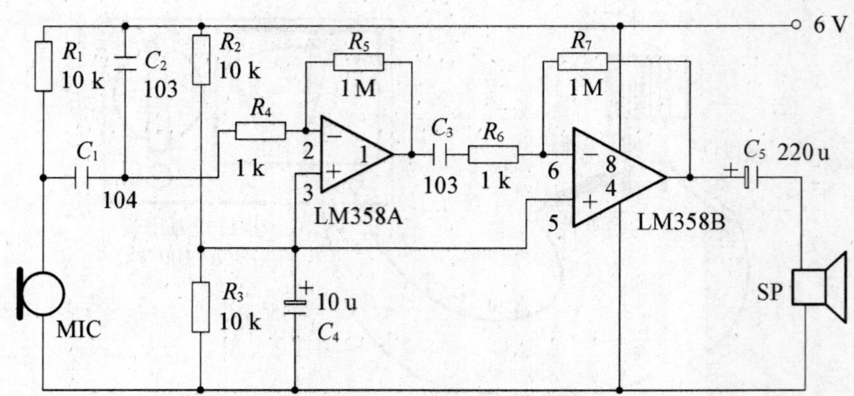

图 4-1-18 高灵敏度声音探听器电路原理图

3. 注意事项

(1) LM358 内集成了两个运放 A 和 B,接线方法可参照上图。

(2) $R_1=R_2$,取值范围在 10 k~100 k 间。

(3) 供电+6 V~9 V,可用直流稳压电源供给,也可将两个(或三个)电池夹串联起来使用。

(4) 本机灵敏度极高,试机时不要靠近 MIC 讲话。

4. 元件清单(图 4-1-1)

表 4-1-1 元件清单

名　　称	规格	数量	名　　称	规格	数量
电阻	10 kΩ	3	运放集成块	LM358	1
电阻	1 kΩ	2	集成块插脚	8P	1
电阻	1 MΩ	2	驻极体话筒		1
电容器	103	2	耳机		1
电容器	104	1	导线	Φ3 mm	20 cm
电容器	10 μF	1	万能板	有连线	1
电容器	220 μF	1			

5. 制作步骤

(1) 用万用表检测元器件,完成表 4-1-2 的填写。

表 4-1-2　测元器件

类型	项目	测量结果
电容的测量	C_1	标称容量：________，质量检测：________
	C_2、C_3	标称容量：________，质量检测：________
	C_4	标称容量：________，质量检测：________
	C_5	标称容量：________，质量检测：________
电阻的测量	10 k	色环为____________________，测量值为________
	1 k	色环为____________________，测量值为________
	1 MΩ	色环为____________________，测量值为________
耳机测量	测量方法：________ 质量判断：________	
驻极体话筒测　量	质量判断：表针摆动范围________，质量________ 灵敏度判断：表针摆动范围________，灵敏度________	
LM324 识别	写出各引脚号和引脚功能： V− LM324 V+	

(2) 依据所给原理图在图 4-1-19 所示万能电路板图上设计电路原器件布局和导线接线布局，要求如下：

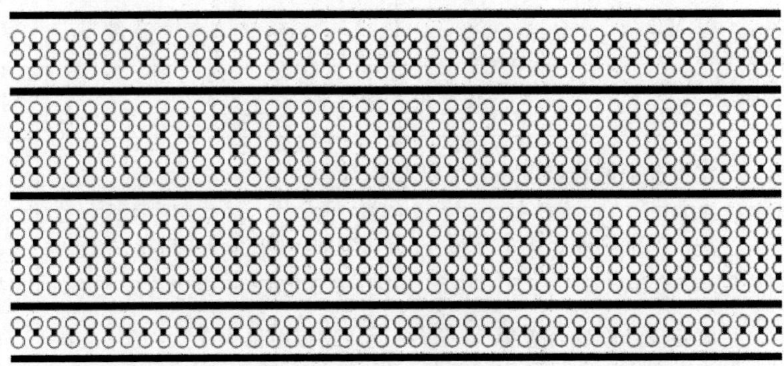

图 4-1-19　万能电路板

① 电路布局合理。

② 走线美观。

③ 连线要横平竖直。

④ 尽量少用短接线。

⑤ 电路不要有交叉线。

(3) 装配焊接　应用检测的性能良好的电子元器件,根据自己所设计的原器件布局图和导线接线(走向)布局图进行装配、焊接高灵敏度探听器电路。焊接要求如下:

① 焊接坐姿、烙铁握法及焊锡丝拿法要正确。

② 正确熟练使用手工焊接方法。

③ 焊点浸润要好,有光泽,焊锡量适中;不能有虚焊、连焊、毛刺等。

④ 元器件引脚加工成形规范;元器件安装高度规范,且同类元器件安装高度应一致。

⑤ 正确使用元件面的跳线和铜箔面的连线。

(4) 电路调试　完成电路焊接后,首先检查电路有无漏焊、虚焊,元器件引脚间有无开路、短路等现象;再检查电源、地线、信号线等各部分连接线是否正确;最后交实训指导老师进行检查,检查无误后由实训指导老师指导通电调试:

第一步:通电前检查。检查接入电路所要求的电源电压是否正确。

第二步:通电检查。通电后,观察电路中各部分器件有无异常现象,如出现异常,应立即断电,待找出故障原因,排除故障后再重新通电进行调试。

第三步:测试:

a. 用万用表测量 LM358 的 8 脚电压是________V,此脚电压是________。

b. 用万用表测量 LM358 的 1 脚或 7 脚的电压是________V。

c. 两同学相互配合,测量出探听器探听距离是________m。

五、任务考核

表 4-1-3　高灵敏度探听器任务考核评价表

班　　级		姓名		成绩	
项　　目	评 价 标 准			扣分	得分
电路原理 10 分	学习并能简要说出其工作原理得 10 分				
元件测量 20 分	各个元器件能正确测量得 20 分,测错一个扣 1 分,扣完为止				
设计安装 30 分	电路设计布置合理得 30 分,在设计过程中错误 1 次扣 2 分;错误达 5 个以上的设计安装部分不得分;整个任务不合格				

续　表

<table>
<tr><td>班　　级</td><td></td><td>姓名</td><td></td><td>成绩</td><td colspan="2"></td></tr>
<tr><td>项　　目</td><td colspan="4">评　价　标　准</td><td>扣分</td><td>得分</td></tr>
<tr><td>调试 25 分</td><td colspan="4">调试成功，测量出各关键点电压数据并正确输入的得 25 分，每错误 1 次扣 5 分，扣完为止</td><td></td><td></td></tr>
<tr><td>文明生产 15 分</td><td colspan="4">规范操作，文明生产，无安全事故的得 15 分</td><td></td><td></td></tr>
<tr><td colspan="7">教师评价：</td></tr>
</table>

知识拓展

集成运算放大器线性电路的分析设计方法

一、反相输入比例运算电路

图 4－1－20 是反相输入比例运算电路，输入电压 U_i 通过 R_1 加到反相输入端 A，同相输入端 B 接地，输出电压 U_o 又通过 R_f 反馈到反相输入端 A。

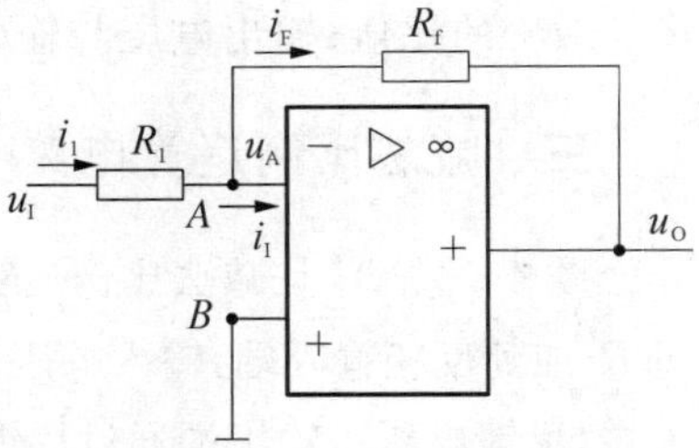

根据运放“理想特性”，$r_i=\infty$，则 $i_I=0$，因此流过 R_1 的电流全部流过 R_f，即 $R_1=R_f$。又因 $|A_{VO}|=\infty$，而 u_O 又是有限值，则：

$$i_I=0,\ u_A=\frac{u_O}{A_{VO}}\approx 0$$

图 4－1－20　反相输入比例运算电路

这时，运放的闭环放大倍数为：

$$A_{VF}=\frac{u_O}{u_I}=\frac{-R_f i_f}{R_1 i_1}=-\frac{R_f}{R_1}$$

输出电压为：

$$u_O=-\frac{R_f}{R_1}u_I$$

可见，输出电压 u_O 与输入电压 u_I 存在反相比例关系，比例常数是 $-\frac{R_f}{R_1}$，负号表示 u_O 与 u_I 反相。

结论：反相输入比例运算电路的闭环放大倍数 A_{VF} 只取决于 R_f 与 R_1 之比，与开环放

大倍数 A_{VO} 无关；输出电压与输入电压成反相比例关系。由于 $u_A \approx 0$，即 A 端的电位接近于零电位，但实际并没有接地，所以通常把 A 端称为“虚地”。

二、同相输入比例运算电路

图 4-1-21 是同相输入比例运算电路，输入电压 U_i 从同相输入端 B 输入，输出电压 U_o 又通过 R_f 反馈到反相输入端 A。

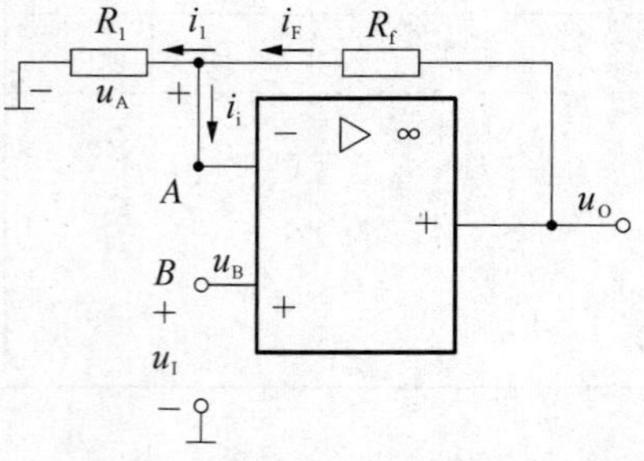

图 4-1-21　同相输入比例运算电路

根据运放“理想特性” $r_i = \infty$，$A_{VD} = \infty$，而 u_O 又为有限值。得：

$$u_B - u_A = \frac{u_O}{A_{VD}} \approx 0,\ i_I \approx 0$$

因此，输入电压为：

$$u_B = u_A \quad (\text{因 } u_B = u_A \neq 0, \text{故 } A \text{ 点不是虚地})$$

其中　$u_B = u_I$　　$u_A = \dfrac{R_1}{R_1 + R_f} \cdot u_O$

故同相输入比例运放的闭环放大倍数为：

$$A_{VF} = \frac{u_O}{u_I} = \frac{u_O}{u_A} = \frac{R_1 + R_f}{R_1} = 1 + \frac{R_f}{R_1}$$

输出电压：

$$u_O = 1 + \frac{R_f}{R_1} \cdot u_I$$

从以上分析可以得出结论：同相输入比例运算电路的放大倍数与 A_{VO} 无关，只取决于 R_f 与 R_1 的比值；输出电压与输入电压同相且成比例关系。

三、减法比例运算电路

图 4-1-22 是减法比例运算电路，输入电压 V_{i1} 通过 R_1 加到反相输入端，输入电压 V_{i2} 通过 R_2 加到同相输入端，反馈电压由输出端通过反馈电阻 R_f 反馈到反相输入端。在同相输入端与“地”之间接有电阻 R_3。为了使运放两输入端电阻对称，通常使 $R_1 = R_2$，$R_3 = R_f$。

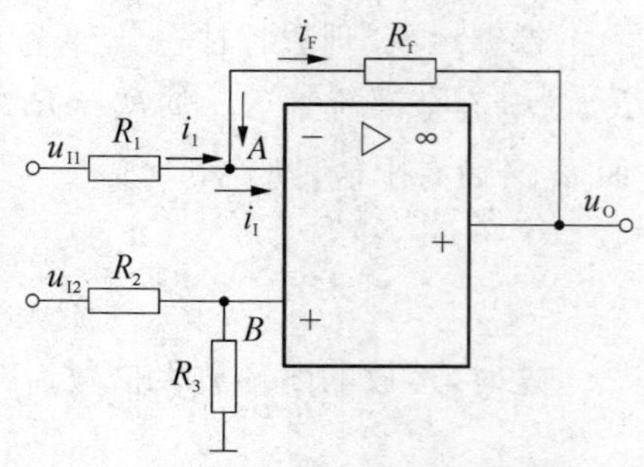

图 4-1-22　减法比例运算电路

由图可知：$i_1 = \dfrac{u_{I1} - u_A}{R_1}$，$i_F = \dfrac{u_A - u_O}{R_f}$

$\because\ i_I = 0,\ \therefore\ i_1 = i_F$

于是有：

$$\frac{u_{I1} - u_A}{R_1} = \frac{u_A - u_O}{R_f}$$

整理得：

$$u_A = \frac{u_{I1} R_f + u_O R_1}{R_1 + R_f}$$

而：
$$u_B = \frac{R_3}{R_2 + R_3} u_{I2}$$

因 $u_A = u_B$，故：

$$\frac{u_{I1} R_f + u_O R_1}{R_1 + R_f} = \frac{R_3}{R_2 + R_3} u_{I2}$$

由于：
$$R_1 = R_2,\ R_3 = R_f$$

代入后化简可得：

$$u_O = \frac{R_f}{R_1}(u_{I2} - u_{I1})$$

结论：输出电压正比于两个输入电压之差。如果 $R_f = R_1$，则 $u_O = u_{I2} - u_{I1}$ 故电路又称为减法器。

四、加法比例运算电路

图 4－1－23 是加法比例运算电路，在反相输入端加多个输入信号 u_{I1}、u_{I2}、u_{I3}，各支路电阻为 R_1、R_2、R_3。反馈信号经反馈电阻 R_f 加到反相输入端，同相输入端 B 与"地"之间接有电阻 R_4，为使运放输入端对称，要求 $R_4 = R_1 /\!/ R_2 /\!/ R_3 /\!/ R_f$。

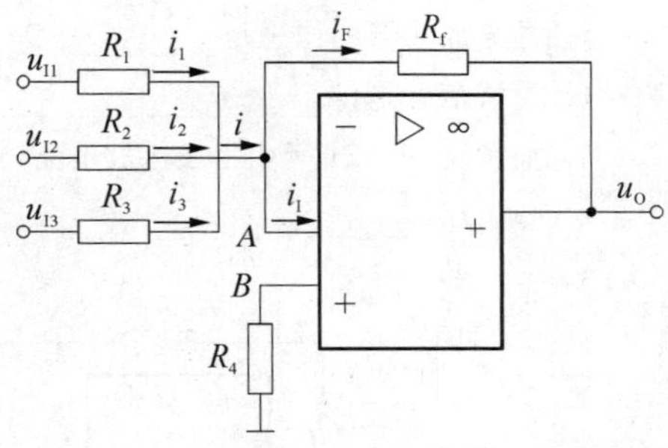

图 4－1－23　加法比例运算放大电路

由运放理想特性知 $i_I \approx 0$，因而 $i_f = i_1 + i_2 + i_3$。

由于 A 点为"虚地"，因此：

$$-\frac{u_O}{R_f} = \frac{u_{I1}}{R_1} + \frac{u_{I2}}{R_2} + \frac{u_{I3}}{R_3}$$

整理可得：

$$u_O = -R_f\left(\frac{u_{I1}}{R_1} + \frac{u_{I2}}{R_2} + \frac{u_{I3}}{R_3}\right)$$

若取 $R_1 = R_2 = R_3 = R$，上式简化为：

$$u_O = -\frac{R_f}{R}(u_{I1} + u_{I2} + u_{I3})$$

结论：电路的输出电压正比于各输入电压之和。如果 $R_f = R$，则 $u_O = -(u_{I1} + u_{I2} + u_{I3})$，故电路称为"加法器"。

目标测试

一、判断题

1. 理想集成运放的引出端只有三个，即同相输入端、反相输入端、输出端。　（　）

2. 理想运放中的"虚地"表示两输入对地短路。　（　）

3. 理想集成运放的输入阻抗为无穷大,输出阻抗为零。 (　　)

4. 不论是同相输入比例运放还是反相输入比例运放,其输入电阻均为无穷大。 (　　)

5. 由于集成运放内部是直接耦合,所以既能放大直流信号,又能放大交流信号。 (　　)

6. 直流放大器是放大直流信号的,它不能放大交流信号。 (　　)

二、填空题

1. 集成电路是指把________、________、________以及连接导线等元器件集中制造在一小块半导体基片上而形成具有电路功能的器件。

2. 集成运放,其净输入信号有两个特点:即净输入电压 $U_I=0$ 和净输入电流 $I_I=0$,通常分别称为________和________。

3. 集成运算放大器通常是一个高________、多级________耦合的放大电路。

4. 同相比例运算放大器的输入电压和输出电压之比为________。

5. 差分放大器的作用是________。

6. 直流信号是指________________________________。

7. 如图 4-1-24 所示集成运放电路,$R=R_1=4\ k\Omega$, $R_2=10\ k\Omega$,稳压管 $U_z=8\ V$,则当 $U_G=20\ V$ 时,V_o 应为________。

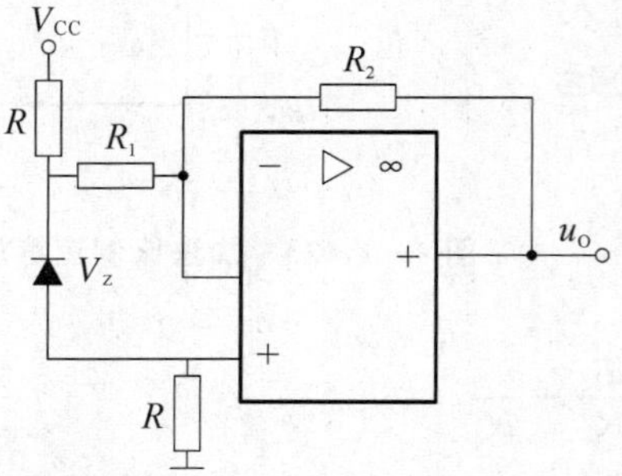

图 4-1-24　第 7 题图

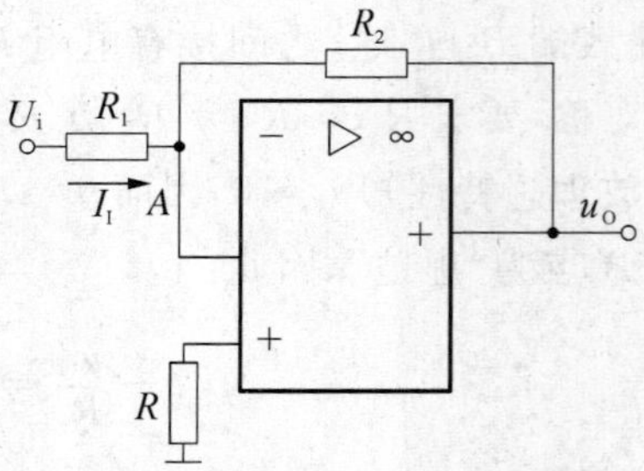

图 4-1-25　第 8 题图

8. 如图 4-1-25 所示电路中,$U_i=10\ V$, $R_1=10\ \Omega$, $R_2=20\ \Omega$,则 $I_I=$________,U_A________,$U_o=$________。

任务二　制作与调试摇摆闪烁电路

知识准备

一、集成运算放大器的非线性

集成运放工作在非线性状态的判断标准是电路往往处于开环工作状态,或者引入正反馈。由于理想集成运放的开环放大倍数趋于无穷大，所以只要两个输入端之间存在微小的电位差，就足以使输出电压饱和，其正向饱和值记作 Uo^+，接近正电源电压值，负向饱和值记作 Uo^-，接近负电源电压值，即在非线性区域内输出电压 Uo 只有两个状态：

$$U^+ > U^- \text{时} \quad Uo = Uo^+ \tag{4-1}$$

$$U^+ < U^- \text{时} \quad Uo = Uo^- \tag{4-2}$$

集成运放在非线性应用时，两个输入端的电位可以不相等，因此“虚短”的概念不再成立，即 $U^+ \neq U^-$。但因集成运放的输入电阻很高，仍然可以认为集成运放不取电流，“虚断”的概念仍成立。集成运放的这种非线性特性在自动化控制系统中有广泛的应用。

二、电压比较器

1. 过零电压比较

电压比较器是将输入电压 u_i 和参考电压 U_R（也叫给定电压）相比较的一种电路。输入电压 u_i 加到集成运放的反相输入端，或者同相输入端；参考电压 U_R 加到集成运放的同相输入端，或者反相输入端。参考电压可以是正值，也可以是负值，或者为零。电压比较强的输出电压 u_o 与输入电压 u_i 之间的关系曲线称为比较器的传输特性，在分析比较器时，常常要用到其传输特性。

图 4－2－1(a)所示是基本的过零电压比较器，输入电压 u_i 加到集成运放的反相输入端，即 $u_i = U^-$；同相输入端接地，即 $U^+ = U_R = 0$。由于集成运放工作在开环状态，所以它的输出只有两种可能的值，由上式(4－1)、(4－2)可知，$u_i > 0$ 时，$u_o = U_o^-$，也就是说，只要输入电压大于零，输出电压 U_o^- 的值不会改变；当 $u_i < 0$ 时，$u_o = U_o^+$，只要输入电压小于零，输出电压 U_o^+ 的值也不会改变。其理想电压传输特性如图 4－2－1(b)所示。

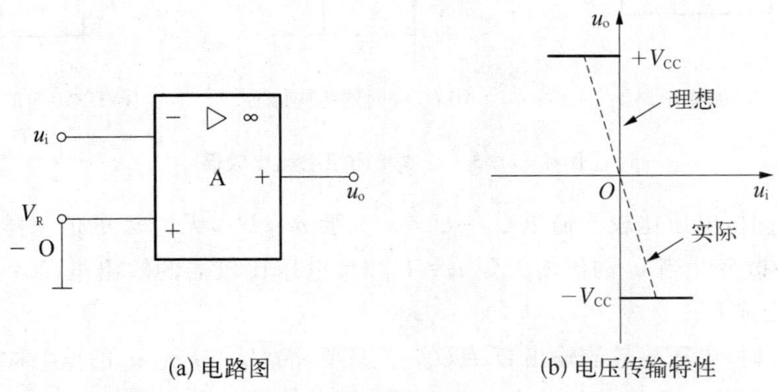

(a) 电路图　　(b) 电压传输特性

图 4－2－1　过零电压比较器

图 4-2-2(a)所示是带输出限幅器的过零电压比较器，稳压管 V_z 和限流电阻 R_2 组成双向限幅电路。根据输入电压 u_i 的极性，两个稳压管中一个作稳压管使用时，另一个就当二极管使用，两管的电压之和近似为 $+U_z$ 或 $-U_z$。由于限幅的作用，输出电压 u_o 取限幅电压值，即 $u_i>0$ 时，$u_o=-U_z$；$u_i<0$ 时，$u_o=+U_z$。其理想电压传输特性如图 4-2-2(b)所示。

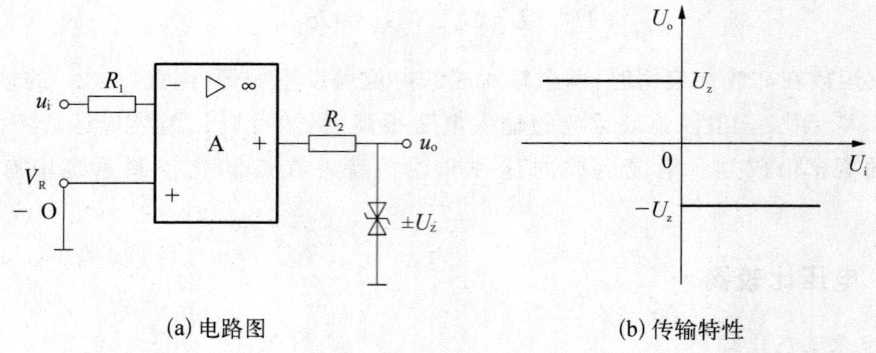

(a) 电路图　　(b) 传输特性

图 4-2-2　带输出限幅的过零点电压比较器

2. 单门限电压比较

图 4-2-3(a)所示是基本单门限电压比较器，输入电压 u_i 加在集成运放的反相输入端，参考电压 U_R 加在同相输入端，且 $U_R>0$。由于集成运放工作在开环状态，根据公式(4-1)、(4-2)可知，当 $u_i>U_R$ 时，$U_o=U_o^-$；当 $u_i<U_R$ 时，$U_o=U_o^+$。下面分析其工作过程。

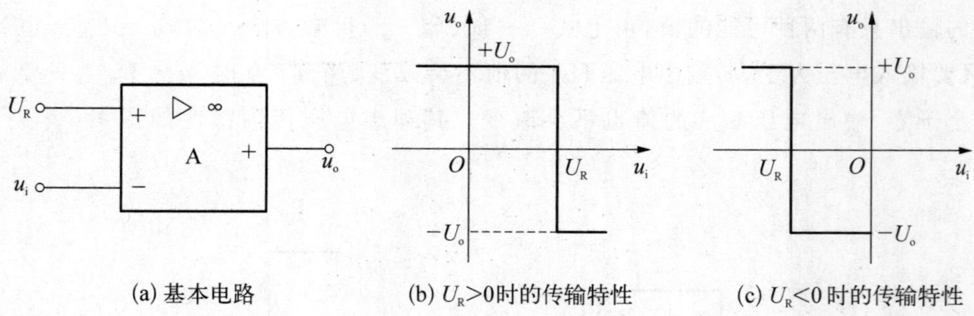

(a) 基本电路　　(b) $U_R>0$时的传输特性　　(c) $U_R<0$时的传输特性

图 4-2-3　基本单门限电压比较器

当 $u_i<U_R$ 时，电压比较器输出 $U_o=U_o^+$。只要 $u_i<U_R$，无论 u_i 的值怎样变化，输出电压值 U_o^+ 不会改变。当 u_i 的值增大到 $u_i=U_R$ 时，电压比较器的输出电压才会产生突变，U_o 由 U_o^+ 跳变成 U_o^-。

当 $u_i>U_R$ 时，电压比较器输出 $U_o=U_o^-$。只要 $u_i>U_R$，无论 u_i 的值怎样变化，输出电压值 U_o^- 不会改变。当 u_i 的值减小到 $u_i=U_R$ 时，电压比较器的输出电压才会产生突变，U_o 由 U_o^- 跳变成 U_o^+。这就是理想传输曲线反映的工作过程，如图 4-2-3(b)所示。

参考电压 U_R 也可以是负值，$U_R<0$ 时，电压比较器的理想传输曲线如图 4－2－3(c) 所示。

从这种电压比较器的传输特性曲线可以看出，U_o^+ 与 U_o^- 之间变换，只跟 $u_i=U_R$ 一个值相对应，所以称它为单门限电压比较器。

三、波形发生器

1. RC 桥式正弦波发生器(文氏电桥振荡器)

图 4－2－4 为 RC 桥式正弦波振荡器。其中 RC 串、并联电路构成正反馈支路，同时兼作选频网络，R_1、R_2、R_W 及二极管等元件构成负反馈和稳幅环节。调节电位器 R_W，可以改变负反馈深度，以满足振荡的振幅条件和改善波形。利用两个反向并联二极管 D_1、D_2 正向电阻的非线性特性来实现稳幅。D_1、D_2 采用硅管(温度稳定性好)，且要求特性匹配，才能保证输出波形正、负半周对称。R_3 的接入是为了削弱二极管非线性的影响，以改善波形失真。

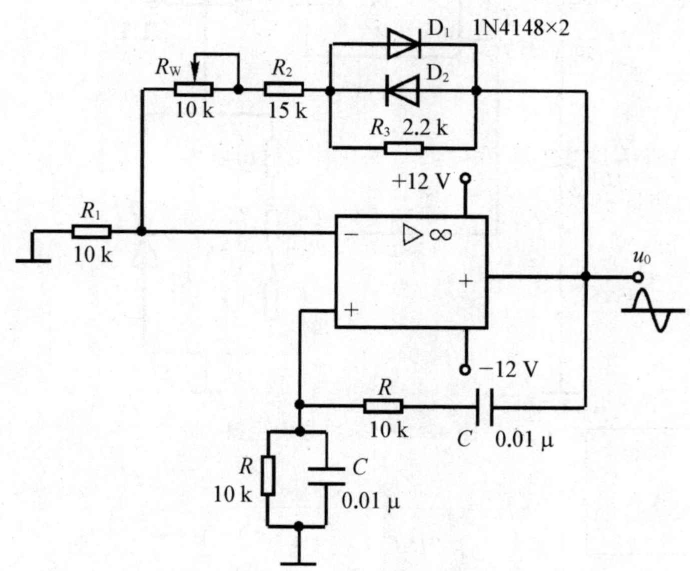

图 4－2－4　RC 桥式正弦波振荡器

电路的振荡频率：

$$f_0=\frac{1}{2\pi RC}$$

起振的幅值条件：

$$\frac{R_f}{R_1}\geqslant 2$$

式中 $R_f=RW+R_2+(R_3 \mathbin{/\!/} r_D)$，$r_D$——二极管正向导通电阻。

调整反馈电阻 R_f（调 R_W），使电路起振，且波形失真最小。如不能起振，则说明负反馈太强，应适当加大 R_f。如波形失真严重，则应适当减小 R_f。

改变选频网络的参数 C 或 R，即可调节振荡频率。一般采用改变电容 C 作频率量程切换，而调节 R 作量程内的频率细调。

2. 方波发生器

由集成运放构成的方波发生器和三角波发生器，一般均包括比较器和 RC 积分器两大部分。图 4－2－5 所示为由滞回比较器及简单 RC 积分电路组成的方波——三角波发生器。它的特点是线路简单，但三角波的线性度较差，主要用于产生方波，或对三角波要求不高的场合。

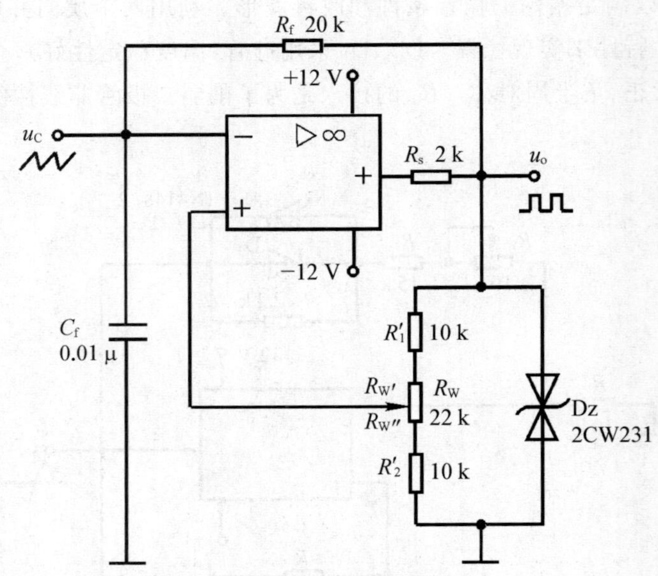

图 4－2－5 方波发生器

电路振荡频率：

$$f_o = \frac{1}{2R_fC_fLn\left(1+\frac{2R_2}{R_1}\right)}$$

式中：

$$R_1 = R'_1 + R'_W \quad R_2 = R'_2 + R''_W$$

方波输出幅值：

$$U_{om} = \pm U_Z$$

三角波输出幅值：

$$U_{cm} = \frac{R_2}{R_1 + R_2}U_Z$$

调节电位器 R_W（即改变 R_2/R_1），可以改变振荡频率，但三角波的幅值也随之变化。如要互不影响，则可通过改变 R_f（或 C_f）来实现振荡频率的调节。

3. 三角波和方波发生器

如把滞回比较器和积分器首尾相接形成正反馈闭环系统，如图 4－2－6 所示，则

比较器 A_1 输出的方波经积分器 A_2 积分可得到三角波，三角波又触发比较器自动翻转形成方波，这样即可构成三角波、方波发生器。图 4－2－7 为方波、三角波发生器输出波形图。由于采用运放组成的积分电路，因此可实现恒流充电，使三角波线性大大改善。

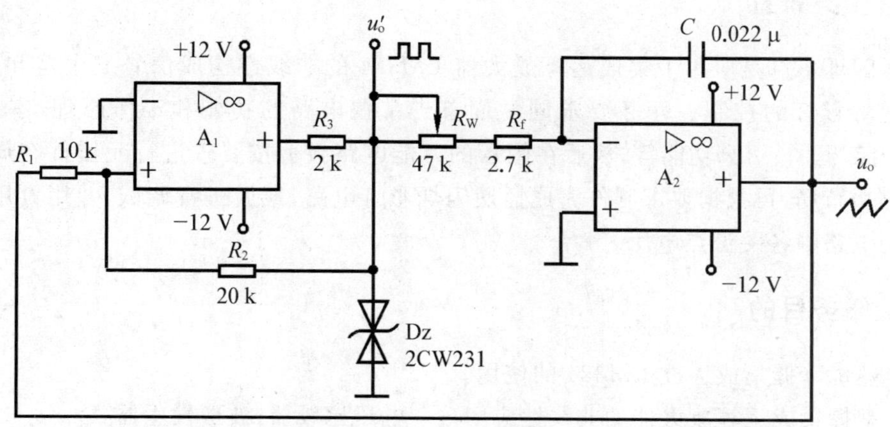

图 4－2－6　三角波、方波发生器

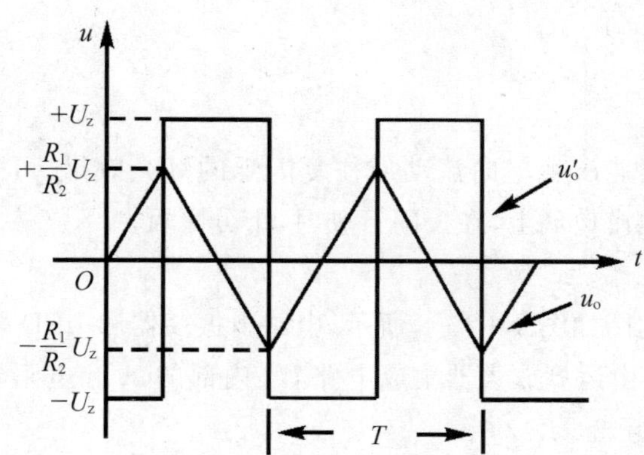

图 4－2－7　方波、三角波发生器输出波形图

电路振荡频率：
$$f_0=\frac{R_2}{4R_1(R_f+R_W)C_f}$$

方波幅值：
$$U'_{om}=\pm U_Z$$

三角波幅值：
$$U_{om}=\frac{R_1}{R_2}U_Z$$

调节 R_W 可以改变振荡频率，改变比值 $\frac{R_1}{R_2}$ 可调节三角波的幅值。

任务实施

一、任务布置

摇摆闪烁彩灯是应用了集成运算放大器 LM324 的非线性构成信号发生器和电压比较器实现对彩灯的控制。任务要求同学们首先掌握电路的功能和工作原理，掌握运放 LM324 内部框图、引脚功能等，然后在图示的万能电路板上按要求进行元器件布局、导线连接（走向）布局，再根据要求制作完成摇摆闪烁彩灯电路，最后进行调试，并用万用表、示波器观测电路中各关键点电压。

二、任务目的

(1) 熟练掌握集成运放 LM324 的使用。

(2) 掌握集成运算放大器的非线性应用——电压比较器、波形发生器。

(3) 通过电路中关键点电压的观测，培养学生对电路分析、故障判断能力。

(4) 增强专业意识，培养良好的职业道德和职业习惯。

三、认识电路

1. 功能介绍

摇摆闪烁彩灯电路能产生单向流动或往复闪烁的灯光效果，可安装在摩托车后部的工具箱或小轿车的后视窗玻璃上，在夜间行驶时，十分醒目。

2. 工作原理

摇摆闪烁电路原理图如图 4-2-8 所示，电路由振荡器和 LED 驱动电路组成。

(1) 振荡器电路　由运算放大器集成电路 U_2 内部的 A 和电阻器 R_8、R_9、R_{10}、R_{11}、电位器 W_2、电容器 C_1 组成。

接通机动车的夜间行车开关时，摇摆闪烁灯电路的 +12 V 电源被接通。+12 V 电压经 R_{10}、R_{11} 分压后，在 U_{2A} 的正相输入端产生约 +8 V 电压，作为基准电压。由于 C_1 两端电压在接通电源瞬间不能突变（接近 OV），U_{2A} 输出端为高电平（约为 12 V），此高电平通过 R_8 和 W_2 对 C_1 充电，使 C_1 两端电压逐渐升高。当 C_1 两端电压超过 8 V 基准电压时，U_{2A} 输出端变为低电平，U_{2A} 正相输入端电压也降为 3 V 左右，此时 C_1 又通过 W_2、R_8 放电，使 C_1 两端电压又开始下降。当 C_1 两端电压降至低于 3 V 时，U_{2A} 又输出高电平，C_1 又开始充电，重复以上过程，从而使 U_{2A} 正相输入端的电压值从 3 V 慢慢升至 8 V，然后又慢慢地降为 3 V…… 如此循环不止，形成了连续振荡。

(2) LED 驱动电路　由七段电压比较器（由运算放大器集成电路 U_1 内部的 A～D、U_2 内部的 B～D、分压电阻器 R_1～R_7、电位器 W_1、W_2 组成）和发光二极管 D_1～

D_{12}组成。

电源+12 V电压经R_1～R_7、W_1、W_3分压后，在U_1内部的A～D、U_2内部的B～D的反相输入端上分别产生基准电压。

(3) 工作过程

① 在C_1两端电压低于U_1A的基准电压时，U_1A-D、U_2B-D均输出低电平，D_1～D_{12}均不亮。

② 当C_1两端电压上升至U_1A基准电压以上时，U_1A输出高电平，U_1B输出低电平，使D_1～D_2点亮。

③ 当C_1两端电压上升至U_1B基准电压以上时，U_1B输出高电平，U_1C输出低电平，使D_3～D_4点亮，而D_1～D_2熄灭。

④ 当C_1两端电压上升至U_1C基准电压以上时，U_1C输出高电平，U_1B输出低电平，使D_5～D_6点亮，而D_3～D_4熄灭。

⑤ 当C_1两端电压上升至U_1D基准电压以上时，U_1D输出高电平，U_1C输出低电平，使便D_7～D_8点亮，而D_5～D_6熄灭。

⑥ 当C_1两端电压上升至U_2B基准电压以上时，U_2B输出高电平，U_1D输出低电平，使D_9～D_{10}点亮，而D_7～D_8熄灭。

⑦ 当C_1两端电压上升至U_2C基准电压以上时，U_2C输出高电平，U_2B输出低电平，使D_{11}～D_{12}点亮，而D_9～D_{10}熄灭。

⑧ 当C_1两端电压上升至U_2D基准电压以上时，U_2D输出高电平，使D_{11}～D_{12}熄灭。此时D_1～D_{12}均不亮，U_1A-D、U_2B-D均输出高电平。

随着C_1开始放电，C_1两端电压逐渐下降，当该电压降至U_2D基准电压以下时，U_2D输出低电平，使D_{11}～D_{12}点亮；当C_1两端电压降至U_2C基准电压以下时，U_2C输出低电平(U_2D仍输出低电平)，使D_9～D_{10}点亮，而D_{11}～D_{12}熄灭。

这样随着C_1两端电压的不断下降，D_7～D_8、D_5～D_6、D_3～D_4、D_1～D_2依次点亮又熄灭，完成了灯光的逆向流动过程。由于C_1两端电压随着振荡器的工作而缓慢升高、缓慢降低地变化着，从而使D_1～D_{12}不断地正向、逆向流动点亮。

调整W_2的阻值，可以改变振荡器的工作频率，从而改变发光二极管的闪烁速度。

四、电路制作

1. 实验仪器

(1) 模拟实验电子装接台1个。

(2) 直流稳压电源1台。

(3) MF-47型万用表1只。

(4) 双踪示波器1台。

2. 电路原理图(图 4-2-8)

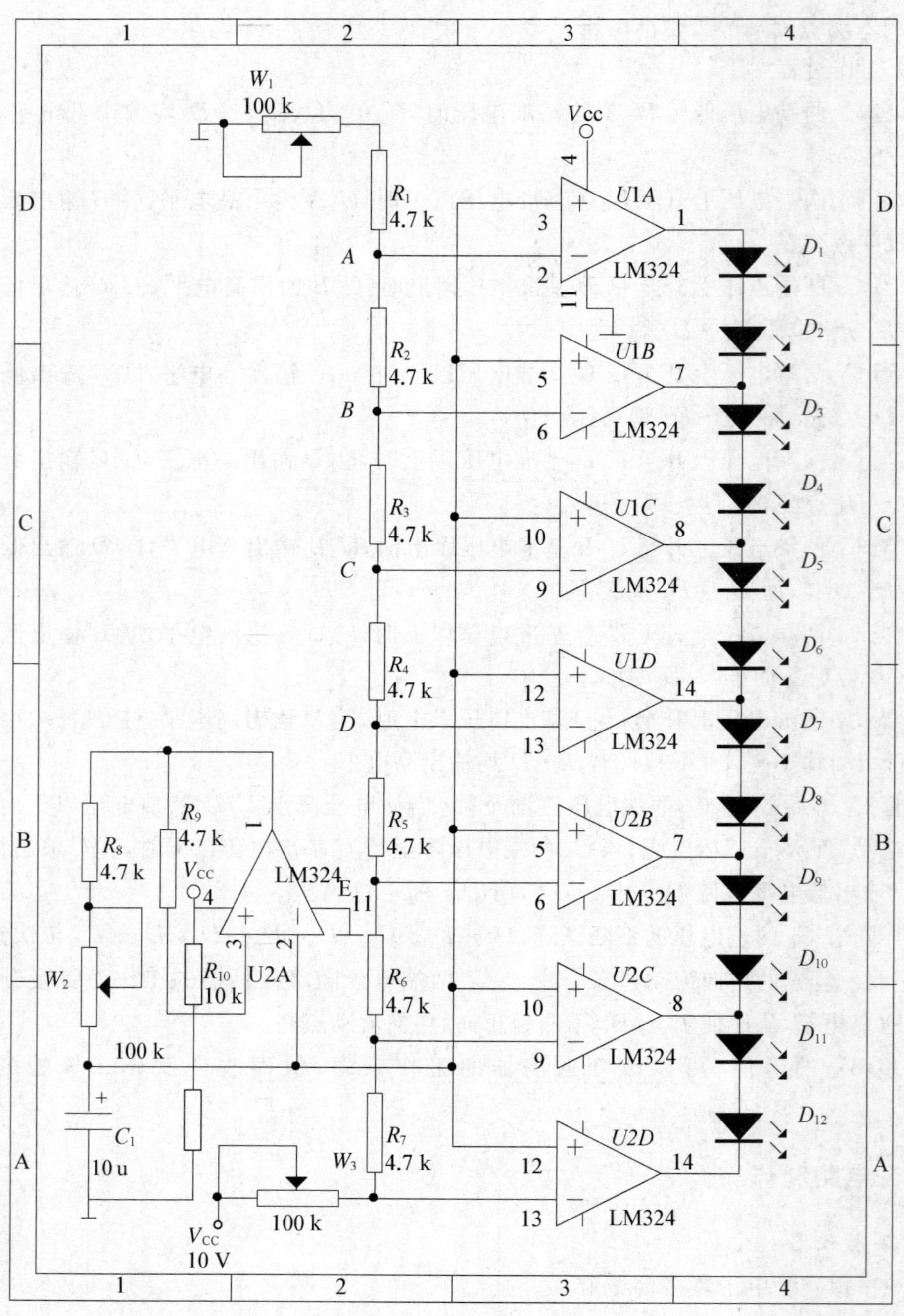

图 4-2-8 摇摆闪烁电路原理图

3. 元件清单(表4-2-1)

表4-2-1　元件清单表

名　　称	规　格	数量	名　　称	规　格	数量
电阻	4.7 kΩ	9	电容器	10 μF/25 V	1
电阻	10 kΩ	1	运放集成块	LM324	2
电阻	20 kΩ	1	集成块插脚	14P	2
电位器	100 kΩ 有机实心	3	导线	Φ3 mm	20 cm
发光二极管	ϕ5 mm 高亮	12	万能板	有连线	1

4. 实验步骤

(1) 用万用表检测元器件,完成表4-2-2的填写。

表4-2-2　检测元器件表

类　型 \ 项　目		测　量　结　果
电容的测量	C_1	标称容量:________,质量检测:________
电阻的测量	4.7 k	色环为____________________,测量值为________
	10 k	色环为____________________,测量值为________
	20 k	色环为____________________,测量值为________
发光二极管测　量	正向阻值:________反向阻值:________质量判断:________	
电位器测　量	测量方法:____________________________________ ____________________________________ 标称值:________测量值:________质量判别:________	
LM324 识别	写出各引脚号和引脚功能: V− LM324 V+	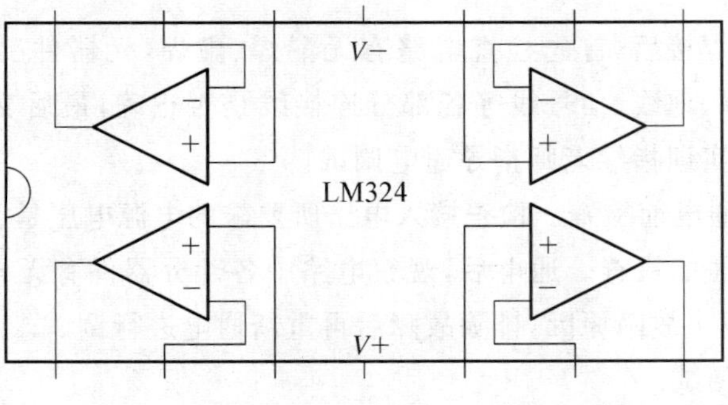

(2) 依据所给原理图在图4-2-9所示万能电路板图上设计电路原器件布局和导线

接线布局，要求如下：

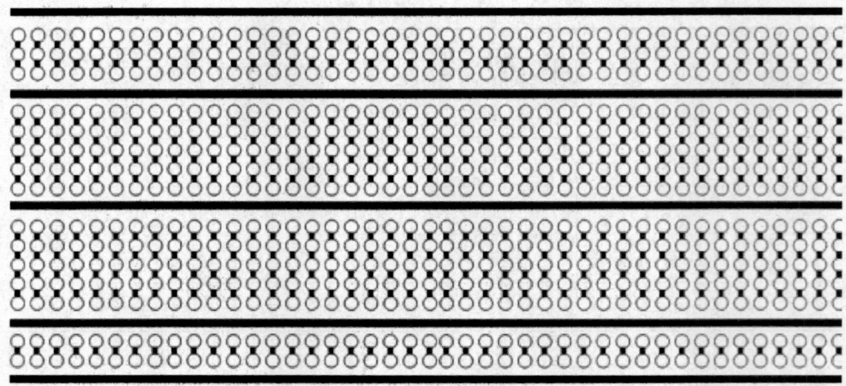

图 4-2-9 万能电路板

① 电路布局合理。

② 走线美观。

③ 连线要横平竖直。

④ 尽量少用短接线。

⑤ 电路不要有交叉线。

(3) 装配焊接　应用于检测性能良好的电子元器件，根据自己所设计的原器件布局图和导线接线(走向)布局图进行装配、焊接摇摆闪烁彩灯电路。焊接要求如下：

① 焊接坐姿、烙铁握法及焊锡丝拿法要正确。

② 正确熟练使用手工焊接方法。

③ 焊点浸润要好，有光泽，焊锡量适中；不能有虚焊、连焊、毛刺等。

④ 元器件引脚加工成形规范；元器件安装高度规范，且同类元器件安装高度应一致。

⑤ 正确使用元件面的跳线和铜箔面的连线。

五、电路测试

完成电路焊接后，首先检查电路有无漏焊、虚焊，元器件引脚间有无开路、短路等现象；再检查电源、地线、信号线等各部分连接线是否正确；最后交实训指导老师进行检查，检查无误后由实训指导老师指导通电调试：

第一步：通电前检查。检查接入电路所要求的电源电压是否正确。

第二步：通电检查。通电后，观察电路中各部分器件有无异常现象。如出现异常，应立即断电，待找出故障原因，排除故障后再重新通电进行调试。

第三步：测试：

(1) 用万用表测得所加电源电压为________V。

(2) 调节电路能正常闪烁，用万用表分别测量 $A \sim H$ 点的各点电压：

$U_A=$ ________ V；　$U_B=$ ________ V；　$U_C=$ ________ ；

$U_D=$ ________ V；　$U_E=$ ________ V；　$U_F=$ ________ ；

$U_G=$ ________ V；　$U_H=$ ________ V。

(3) 电位器 W_1、W_3 在电路中起什么作用？应用如何调节？

(4) 调节 W_2，观察 LED 灯的闪烁速度有无变化？若有，那么调节 W_2 增大或减小 LED 灯闪烁速度是如何变化的？

六、任务考核

摇摆闪烁彩灯控制电路任务考核评价表，如表 4-2-3 所示。

表 4-2-3　任务考核评价表

班　级		姓名		成绩	
项　目	评 价 标 准			扣分	得分
电路原理 10 分	学习并能简要说出其工作原理得 10 分				
元件测量 20 分	各个元器件能正确测量得 20 分，测错一个扣 2 分，扣完为止				
设计安装 30 分	电路设计布置合理得 30 分，在设计过程中错误 1 次扣 2 分；错误达 5 个以上的设计安装部分不得分，整个任务不合格				
调　试 25 分	调试成功，测量出各关键点电压数据并正确输入的得 25 分，每错误 1 次扣 5 分，扣完为止				
文明生产 15 分	规范操作，文明生产，无安全事故的得 15 分				
教师评价：					

知识拓展

一、报警器电路的设计

报警器是一种为防止或预防某事件发生所造成的后果，以声音、光等形式来提醒或警示我们应当采取某种行动的电子产品。

(一) 报警器的分类

1. 按传感器的种类分

报警器按传感器的种类，即按所探测的物理量来分，可分为磁控制开关、振动、声、超声波、电场、微波、红外、激光、视频运动报警器等。习惯上，报警器的名称大多是按传感器的名称来称呼。如振动报警器、超声波报警器、微波报警器等等。

2. 按探测器的工作方式分

按探测器的工作方式可分为主动式报警器和被动式报警器。

主动式报警器在工作时，探测器本身要向防范现场不断发出某种形式的能量，如红外光、超声波和微波等能量。主动式报警器有超声波、电场、微波、主动红外、激光等。

被动式报警器在工作时，探测器本身不需要向防范现场发射出能量，而是依靠直接接收被探测目标本身发出或产生的某种形式的能量，如红外光、振动等能量。被动式报警器有振动、声控、被动红外、视频运动等。

(二) 声光报警器电路的设计

随着当今社会的发展，人们的安全意识也逐步提高，报警器在人们的生产、生活和学习等各个领域得到了广泛的应用。而声光报警就在人们的生产、生活和学习(如生产线故障报警，人们的防盗、防火)等方面上应用得比较多，所以声光报警电路的设计就具有一定的实用价值。声光报警电路要求能在特定的情况下发出光或声音，从而实现报警的目的。

1. 声光报警器的组成与设计要求

声光报警器在设计时，在设计的电路中应该包含：报警检测电路、为指示灯闪光提供电能的振荡电路部分、为扬声器发声提供电能的音频振荡电路部分、为扬声器提供一定功率的功率放大部分和报警控制电路等。根据逻辑关系把它们各个部分连接起来，这样就从大体上设计出了声光报警电路。电路功能框图如图 4-2-10 所示。设计技术指标要求为：

(1) 指示灯闪光同时要求扬声器发出警报声音。

(2) 指示灯的闪光频率一般为 1～2 Hz。

(3) 扬声器发出一定的音响，一般功率不小于 0.5 W，频率为 1 000 Hz 左右。

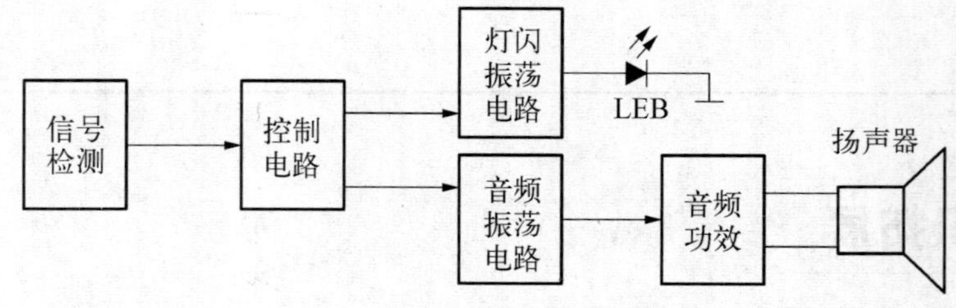

图 4-2-10　声光报警电路框图

2. 各组成部分作用

(1) 信号检测　信号检测是指利用传感器将被测量按照一定的规律转换成可用的电信号的过程，该信号是报警器触发报警信号。常用的简单信号检测电路有以下几种：

① 开关型检测电路：图 4-2-11 所示电路是开关型检测电路，从图中可以看出，开关闭合，继电器 K 吸合时才有信号输出；否则，无信号输出(图中开关 S 也可以用其他代替，

如用金属丝可做成警戒报警器)。

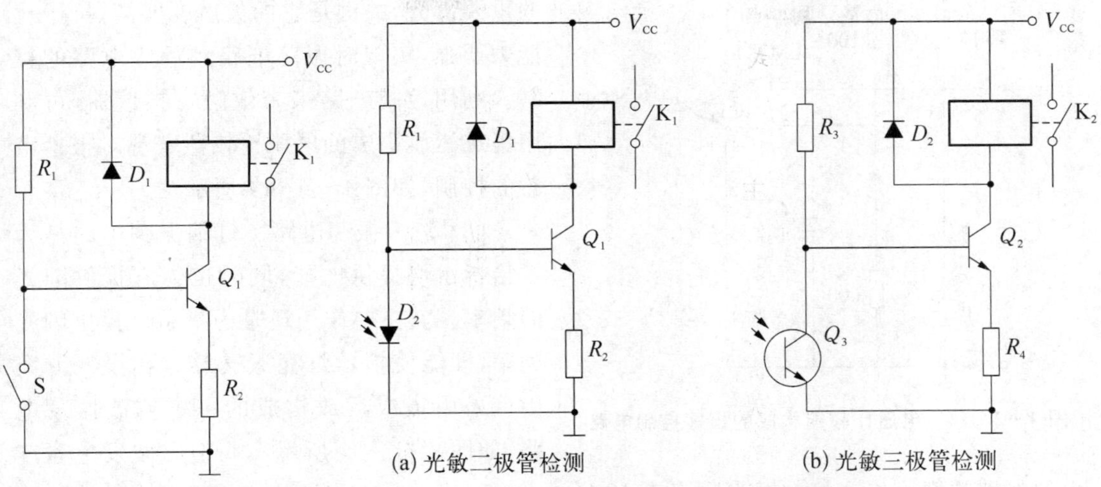

图 4-2-11　开关型检测电路

(a) 光敏二极管检测　(b) 光敏三极管检测

图 4-2-12　光检测电路

② 光检测电路：图 4-2-12 是光检测电路，(a)图是光敏二极管检测电路，从中可以看出，当光敏二极管 D_2 有光照时导通，Q_1 截止，电路无信号输出；当无光照时，三极管 Q_1 才饱和导通，继电器吸合才有信号输出。(b)图是光敏三极管检测电路，从中可以看出，当光敏三极管 Q_3 有光照时导通，Q_2 截止，电路无信号输出；当无光照时，三极管 Q_2 饱和导通，继电器吸合才有信号输出。

以上两种传感器的输出信号都是开关信号，所以都属于开关型检测电路，其电路实质是一个放大电路。

③ 温度检测电路：图 4-2-13 所示是温度检测电路，图中 R_T 是热敏电阻，用于感应温度变化，热敏电阻和集成运放构成的电压比较器组成了温度检测电路。

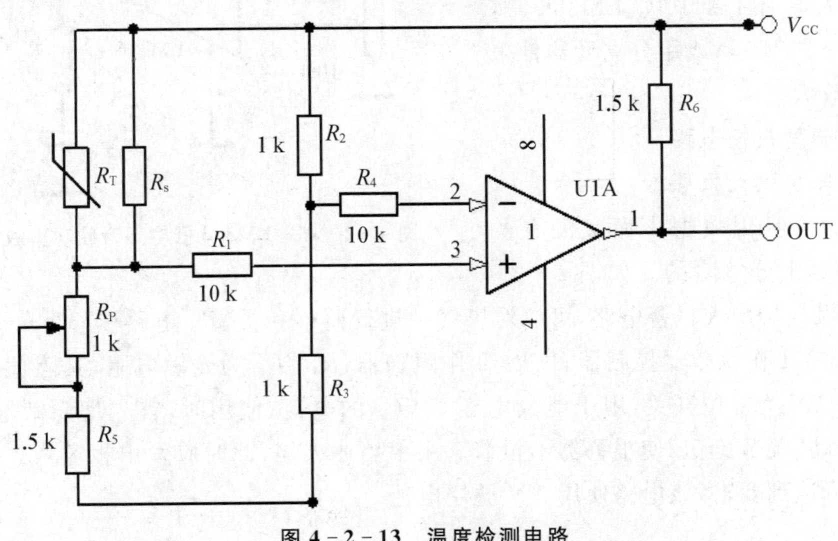

图 4-2-13　温度检测电路

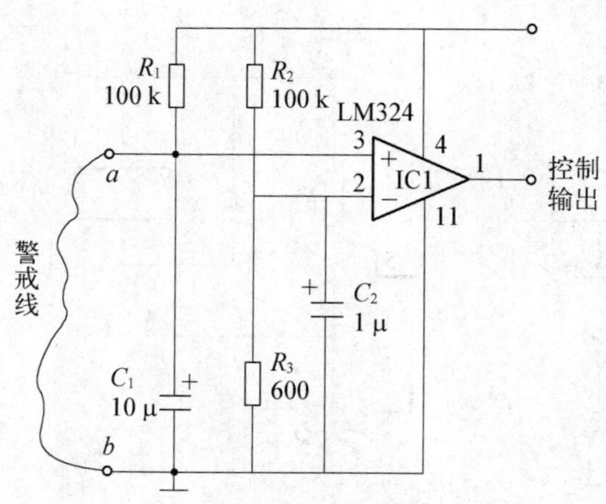

图 4-2-14 电压比较器构成的报警控制电路

(2) 控制电路 控制电路是整个设计中的重要部分,关键是它的灵敏度要高,抗干扰能力要强,实现对振荡电路及后级电路的控制。利用控制电路来有效触发报警器,可利用集成运放构成的电压比较器实现对报警电路的控制,如图 4-2-14 所示。

(3) 灯闪振荡电路 灯闪振荡电路是为了给指示灯提供电能,同时也为它提供闪光的频率。其主要作用还是为指示灯提供闪光频率,即能使指示灯亮灭交替。在设计方案中可采用集成运放构成的一个方波振荡电路,如图 4-2-5 所示。调整方波发生器产生的方波频率为指示灯的闪光频率 1~2 Hz。

(4) 音频振荡电路 音频振荡电路是为后面的扬声器提供电能,为后面扬声器发声提供发声的音频信号。一般情况下,我们可使扬声器在正弦电下工作,发出单一频率的报警声音信号。因此,音频振荡电路就是一个正弦波振荡电路发生器。在设计方案中可采用集成运放构成的一个正弦波振荡电路,如图 4-2-4 所示,振荡频率调整到 1 000 Hz 左右。

(5) 音频功放 音频功放部分是为了对音频信号(正弦波信号)进行功率放大,使扬声器在不失真的情况下发声,满足声音报警的要求。一般是通过集成功率放大电路器来实现,常用的集成功率放大器有 LA4100、LM386 等,如图 4-2-15 所示,或用分立元器件来实现功率放大。

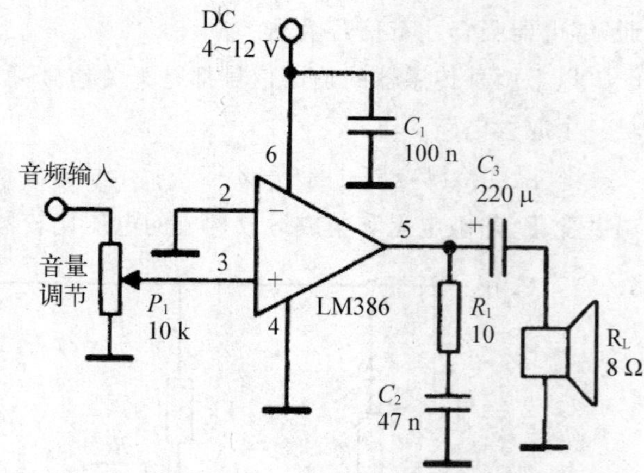

图 4-2-15 LM386 低电压音频功率放大器

(三) 典型报警电路

1. 煤气炉熄火报警器

煤气炉一旦因故熄火而又没有及时发现,将是十分危险的。如图 4-2-16 所示为煤气炉熄火报警电路,可以对煤气炉进行监视和报警。电路核心器件是 LM324 四运放,IC1-1 作比较器控制器,IC1-2 作跟随器;R_4、R_5 为光敏电阻,其阻值随光照强度而变化;AN 为复位开关,用于泄放电容 C_1、C_2 的电荷;使用时,首先把光敏电阻 R_4 对准火焰,转动"调节旋钮"使报警器不报警。用手挡住火焰,此时应发出报警声。一般调节两三次即可达到要求,该电路使用 9 V 叠层电池。

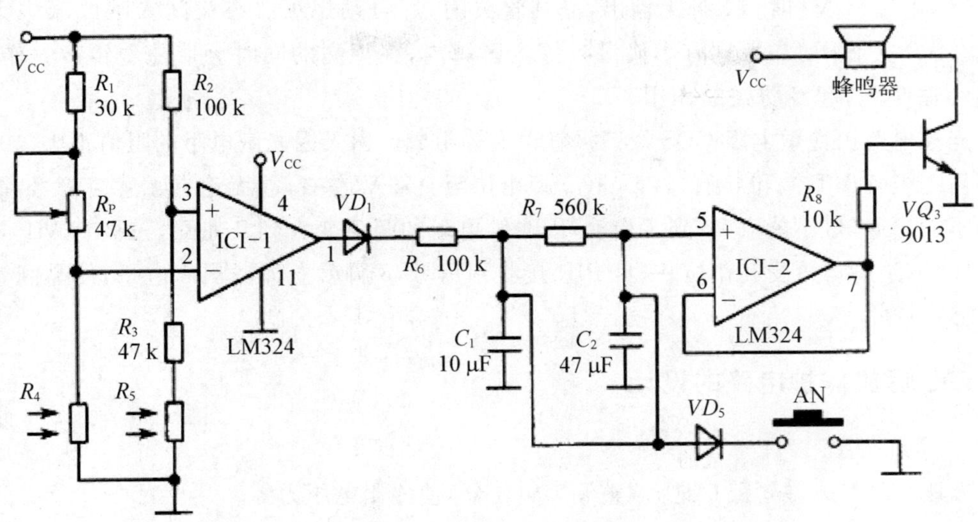

图 4-2-16 煤气炉熄火报警电路

2. 红外热释报警器

如图 4-2-17 所示是红外热释报警电路。它采用国内外最流行的 PIR 人体热释电传感器作信号探测器，灵敏度高，探测距离可达 10 m 以上，其俯视角可达 86°，水平视角可达 120°。因它仅对人体释放的、特定波长的红外光最敏感，因而误动作极小。当有人在其探测区域内以 0.3～3 Hz 的频率活动时，它就能感生出微弱的电信号，经 $U-A$、$U-B$ 两级放大后，从 $U-B_7$ 脚输出 0.5 V～5.5 V 的强信号。VD_1、VD_2、$R_{10}\sim R_{13}$ 及 $U-C$ 组成双门限比较器，因 PIR 感生的信号电压可正可负，故 $U-B_7$ 脚输出的电压亦可正可负（对中心电压 3 V 而言）。当其输出的电压达到 4.1 V 以上时，通过 VD_1 施加于 $U-C_{10}$ 脚的电压高于 9 脚的电压（3.3 V），使 $U-C_8$ 脚输出高电位；而当 $U-B_7$ 脚输出的电位低于 2 V 时，则 $U-C_9$ 脚的电压将通过 VD_2 下降至 2.7 V 以下，其 8 脚也输出高电位。平时无信号时，由于 $U-C_9$ 脚的电位（3.3 V）高于 10 脚（2.7 V），故 8 脚无输出。当 PIR 接收到信号时，8 脚就一定输出高电位，通过 VD_3、R_{14} 给 C_8 充电，使 $U-D_{12}$ 脚电位高于 13 脚，其 14 脚输出高电位触发双向晶闸管导通，点亮电灯。由于 C_8 所储电能通过 R_{15}、VR_2 放电需时约 2 min，故在此 2 min 内灯一直亮着。当 C_8 上的电压低

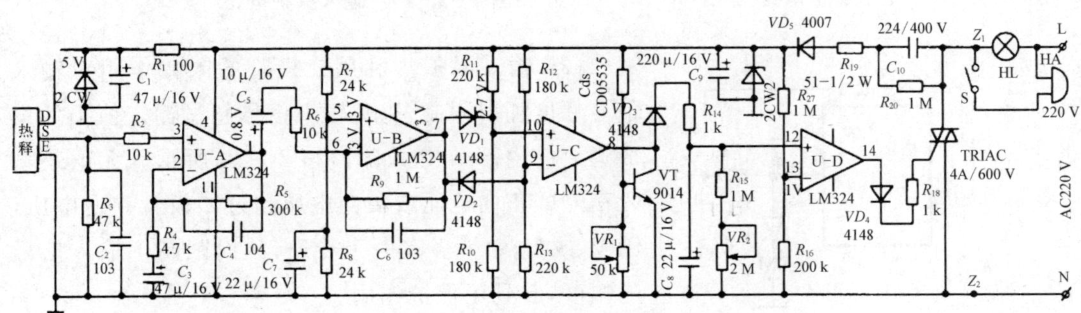

图 4-2-17 红外热释报警电路

于 13 脚电压(1 V)时,14 脚无输出,晶闸管关闭,灯自动熄灭。在夜间入眠或家中无人时,可将开关 S 闭合,一旦有小偷潜入探测区域内,在灯亮的同时会伴随着铃声大作,可以将小偷吓跑,起到防盗的作用。

光控电路由光敏电阻 CDS 及三极管 VT 等组成。白天因光敏电阻的阻值很小(10 kΩ 以下),三极管 VT 饱和导通,将 $U-C_8$ 脚钳位至 0.3 V 左右,故无论有无感应信号,晶闸管均不能导通,灯不能点亮;到了夜晚,因光敏电阻的阻值变大到几兆欧,三极管 VT 导通截止,$U-C_8$ 脚不再受其钳位,一旦 PIR 接收到信号,8 脚就立即输出高电平,使晶闸管导通,将灯点亮。

二、运放保护电路的设计

1. 零点调整

方法是将输入端短路接地,调整调零电位器,使输出电压为零。

2. 消除自激振荡

集成运放开环电压放大倍数很大,容易引起振荡,寄生振荡频率在几十千赫兹到几百千赫兹。因此,要加阻容补偿网络。具体参数和接法可查阅使用说明书。目前,由于大部分集成运放内部电路的改进,已不需要外加补偿网络。

3. 保护电路

(1) 电源极性的保护　利用二极管的单向导电特性防止由于电源极性接反而造成的损坏,如图 4-2-18 所示。当电源极性错接成上负下正时,两二极管均不导通,等于电源断路,从而起到保护作用。

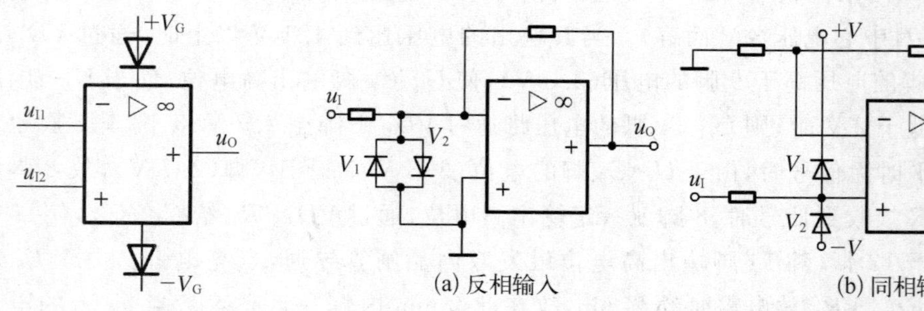

图 4-2-18　电源保护电路

图 4-2-19　输入保护电路

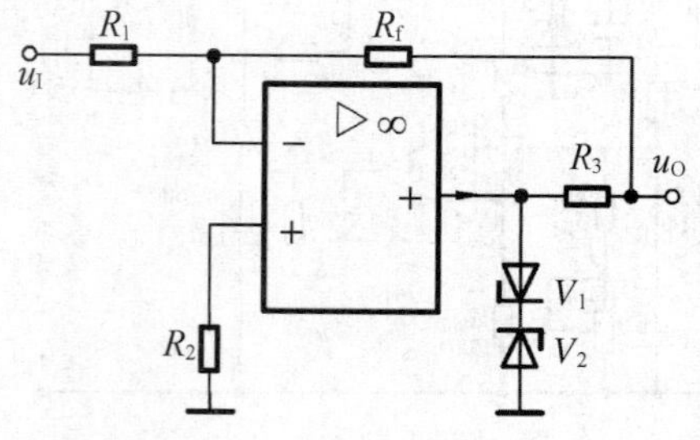

图 4-2-20　输出端过压保护电路

(2) 输入保护　利用二极管的限幅作用对输入信号幅度加以限制,以免输入信号超过额定值损坏集成运放的内部结构,如图 4-2-19 所示。无论是输入信号的正向电压或负向电压超过二极管导通电压,则 V_1 或 V_2 中就会有一个导通,从而限制了输入信号的幅度,起到了保护作用。

(3) 输出保护　利用稳压管 V_1 和 V_2 接成反向串

联电路，如图4－2－20所示。若输出端出现过高电压，集成运放输出端电压将受到稳压二极管稳压值的限制，从而避免损坏。稳压二极管的稳压值应略高于组件的最高输出电压，以免影响正常工作。

目标检测

一、填空题

1. 集成运放工作在非线性状态的判断标准是____。

2. 集成运放在非线性应用时，两个输入端的电位________，因此"虚短"的概念____________，即____________。但因集成运放的输入电阻很高，仍然可以认为集成运放不取电流，"虚断"的概念____________。集成运放的这种非线性特性在________系统中有广泛的应用。

3. 电压比较器是利用集成运放________，将________电压和________电压相比较的一种电路。

4. 理想集成运放的开环放大倍数________，只要两个输入端之间存在________，足以使输出电压________，其正向饱和值记作________，接近正电源电压值，负向饱和值记作________，接近负电源电压值。

5. 报警器是一种为防止或预防某事件发生所造成的后果，以________等形式来提醒或警示我们应当采取某种行动的电子产品。

6. 声、光报警电路中报警灯的闪光频率一般为________，声音的报警频率一般为________。

7. 集成运放的保护电路有________________、________________和________________。

二、分析题

1. 如图4－2－21所示，为某电池监视器电路，试分析该电路的工作原理；若指示电路按方框内连接时电路工作的工作原理如何？两种指示电路的连接方式，报警功能是否相同？

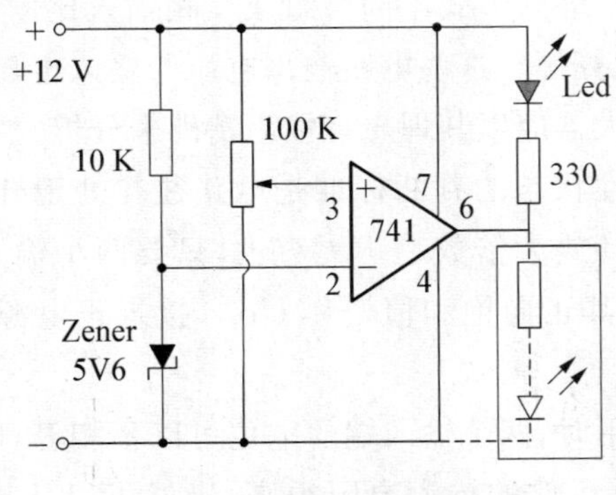

图4－2－21　某电池监视器电路

2. 如图4－2－22所示，为某自动感光电路，试分析该电路的工作原理。

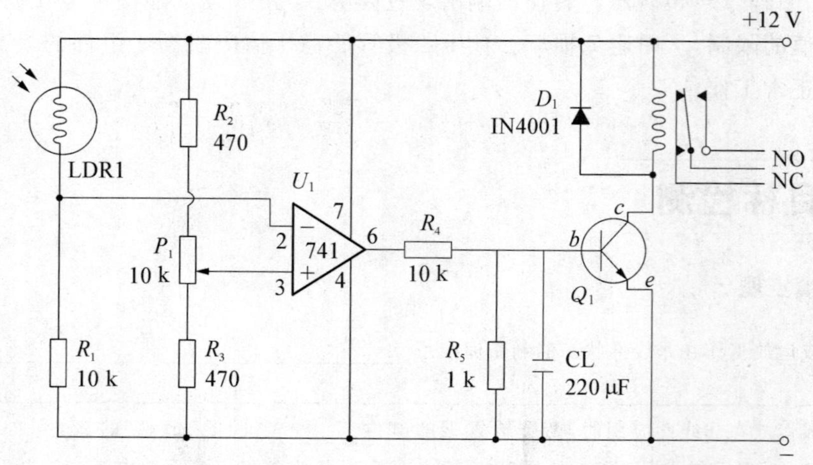

图 4-2-22 某自动感光电路

项目总结

直流信号是指变化极其缓慢(即频率近于零)或者是极性固定不变的信号;放大直流信号必须采用直接耦合方式的放大器,简称直耦放大器,又称直流放大器;直流放大器存在着零点漂移现象,可用差分放大器抑制零漂。

集成运算放大器是一种内部为直接耦合的高放大倍数的线性集成电路,内部主要由差动输入级、中间级、互补对称式输出级及偏置电路等组成。

一般集成运放有以下引脚:同相输入端、反相输入端、输出端、正负电源端、接地端等。各种型号的运算放大器的管脚各不相同,使用时要先查阅有关集成电路手册,根据引脚功能进行连接。常用集成运算放大器有单运放 LM741 和四运放 LM324。

集成运放按输入信号的输入方式不同可组成反相输入比例运算、同相输入比例运算、减法比例运算、加法比例运算等。这些电路输出电压与输入电压成线性关系,是集成运放的线性运用。分析运算放大器应以其理想特性为基础来分析。

集成运放工作在非线性状态的判断标准是电路往往处于开环工作状态,或者引入正反馈。理想集成运放的开环放大倍数趋于无穷大,只要两个输入端之间存在微小的电位差,足以使输出电压饱和,其正向饱和值记作 Uo^{+},接近正电源电压值,负向饱和值记作 Uo^{-},接近负电源电压值。

集成运放在非线性应用时,两个输入端的电位可以不相等,因此"虚短"的概念不再成立,即 $U^{+} \neq U^{-}$。但因集成运放的输入电阻很高,仍然可以认为集成运放不取电流,"虚断"的概念仍成立。

参 考 文 献

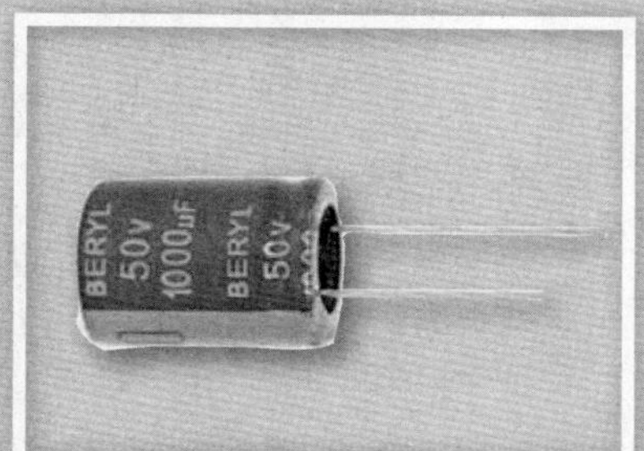

[1] 罗国强.实用模拟电子技术项目教程[M].北京：科学出版社，2012.

[2] 张龙兴.电子技术基础[M].北京：高等教育出版社，2007.

[3] 张金华.电子技术基础与技能[M]. 北京：高等教育出版社，2010.

[4] 唐程山.电子技术基础[M].北京：高等教育出版社，2001.

[5] 廖爽. 模拟电路[M].北京：电子工业出版社，2006.

[6] 卜锡滨. 电子技术基础与技能[M]. 北京：人民邮电出版社，2010.

[7] 孙余凯.模拟电子技术[M].北京：人民邮电出版社，2010.

[8] 董秀峰.模拟电子技术[M].北京：中国铁道出版社，2006.

[9] 范立南.模拟电子技术[M].北京：清华大学出版社，2013.

[10] 吴恒玉.模拟电子技术[M].北京：机械工业出版社，2011.

[11] 元增民.模拟电子技术[M].北京：中国电力出版社，2009.

[12] 靳孝峰.模拟电子技术[M].北京：北京航空航天大学出版社，2009.

内 容 提 要

本教材以"制作与调试简单直流稳压电源"、"制作与调试简易扩音器"、"制作与调试门铃电路"和"制作与调试摇摆闪烁电路"这四个教学项目为载体，把模拟电子技术的知识和技能融合到学习项目中。学生在完成项目的过程中，学习基本知识，训练基本技能，更好地培养逻辑思维能力、组织协调能力和创新能力和综合应用能力。

本书可作为中、高等职业院校电子、电气类专业的教材，也可作为广大电子爱好者自学电子基础知识、训练基本技能的参考书。

图书在版编目(CIP)数据

模拟电子技术 / 吴建宁主编. —南京：江苏教育出版社，2013.7(2025.1 重印)

ISBN 978-7-5499-1982-6

Ⅰ.①模… Ⅱ.①吴… Ⅲ.①模拟电路—电子技术—中等专业学校—教材 Ⅳ.①TN710

中国版本图书馆 CIP 数据核字(2012)第 125392 号

书　　名　模拟电子技术

主　　编　吴建宁
责任编辑　杨小军　张　晨
特约编辑　周　缨
出版发行　江苏教育出版社
地　　址　南京市湖南路 1 号 A 楼，邮编：210009
出　　品　江苏凤凰职业教育图书有限公司
网　　址　http://www.fhmooc.com
排　　版　江苏凤凰制版有限公司
印　　刷　三河市鑫鑫科达彩色印刷包装有限公司
厂　　址　三河市李旗庄镇崔家窑
电　　话　0316-3456566
开　　本　787 毫米×1092 毫米　1/16
印　　张　10.75
版次印次　2013 年 7 月第 1 版　2025 年 1 月第 15 次印刷
标准书号　ISBN 978-7-5499-1982-6
定　　价　28.00 元
批发电话　025-83677909
盗版举报　025-83658893

如发现质量问题，请联系我们。
【内容质量】电话：025-83658873　邮箱：sunyi@ppm.cn
【印装质量】电话：025-83677905